W0173398

Robin Williams

Design &
Typografie

für Dich

Die überraschend
einfachen Gesetze
guten Designs

 ADDISON-WESLEY

Bibliografische Information der Deutschen Bibliothek

Die Deutsche Bibliothek verzeichnet diese Publikation in der Deutschen Nationalbibliographie; detaillierte bibliografische Daten sind im Internet über http://dnb.d-nb.de abrufbar.

Die Informationen in diesem Produkt werden ohne Rücksicht auf einen eventuellen Patentschutz veröffentlicht. Warennamen werden ohne Gewährleistung der freien Verwendbarkeit benutzt. Bei der Zusammenstellung von Texten und Abbildungen wurde mit größter Sorgfalt vorgegangen. Trotzdem können Fehler nicht vollständig ausgeschlossen werden. Verlag, Herausgeber und Autoren können für fehlerhafte Angaben und deren Folgen weder eine juristische Verantwortung noch irgendeine Haftung übernehmen. Für Verbesserungsvorschläge und Hinweise auf Fehler sind Verlag und Herausgeber dankbar.

Alle Rechte vorbehalten, auch die der fotomechanischen Wiedergabe und der Speicherung in elektronischen Medien. Die gewerbliche Nutzung der in diesem Produkt gezeigten Modelle und Arbeiten ist nicht zulässig.

Fast alle Hardware- und Softwarebezeichnungen und weitere Stichworte und sonstige Angaben, die in diesem Buch erwähnt werden, sind als eingetragene Marken geschützt. Da es nicht möglich ist, in allen Fällen zeitnah zu ermitteln, ob ein Markenschutz besteht, wird das ®-Symbol in diesem Buch nicht verwendet.

Umwelthinweis:
Dieses Buch wurde auf chlorfrei gebleichtem Papier gedruckt.

Authorized translation from the English language edition, entitled Non-Designer′s Design Book, The, 3rd Edition, ISBN 978-0-321-63404-0, by Williams, Robin; published by Pearson Education, Inc, publishing as Peachpit Press, Copyright © 2008 Robin Williams.

All rights reserved. No part of this book may be reproduced or transmitted in any form or by any means, electronic or mechanical, including photocopying, recording or by any information storage retrieval system, without permission from Pearson Education, Inc.

GERMAN language edition by PEARSON EDUCATION DEUTSCHLAND GmbH, Copyright © 2008
Autorisierte Übersetzung der englischsprachigen Originalausgabe mit dem Titel »Non-Designer′s Design Book, The, 3th Edition« von Williams, Robin, ISBN 978-0-321-63404-0, erschienen bei Peachpit Press, ein Imprint von Pearson Education Inc.;
Copyright © 2008 Robin Williams

Alle Rechte vorbehalten. Kein Teil des Buches darf ohne Erlaubnis der Pearson Education Inc. in fotomechanischer oder elektronischer Form reproduziert oder gespeichert werden.

© der deutschen Ausgabe 2008 Addison-Wesley Verlag,
ein Imprint der PEARSON EDUCATION DEUTSCHAND GmbH;
Martin-Kollar-Str. 10-12, 81829 München/Germany

Alle Rechte vorbehalten

10 9 8 7 6 5 4 3

10 09

ISBN 978-3-8273-2707-9

Übersetzung: Isolde Kommer, Großerlach und Christoph Kommer, Dresden
Satz: Tilly Mersin, Großerlach
Lektorat: Kristine Kamm, kkamm@pearson.de
Korrektorat: Petra Kienle, München
Herstellung: Claudia Bäurle, cbauerle@pearson.de
Einbandgestaltung: Marco Lindenbeck, webwo GmbH, mlindenbeck@webwo.de
Druck und Verarbeitung: Bosch Druck, Ergolding
Printed in Germany

Für Carmen Sheldon,
meine Design-Kollegin,
meine Freundin.
In Liebe,
R.

*H*eute wird mehr gedruckt und veröffentlicht als je zuvor und jeder, der eine Anzeige, ein Flugblatt oder ein Buch veröffentlicht, will, dass sein Material gelesen wird. Nicht nur die Verlage, sondern auch die Leser möchten, dass Wichtiges klar gestaltet wird. Sie werden nichts lesen, was unbequem zu lesen ist, sich aber an allem erfreuen, was klar und gut gegliedert wirkt. Aus diesem Grund muss sich der wichtige Teil hervorheben und der unwichtige muss in den Hintergrund treten.

Die Technik der modernen Typografie muss sich auch an die Geschwindigkeit unserer Zeit anpassen. Heute können wir nicht mehr so viel Zeit mit einem Briefkopf verbringen, wie es noch in den Neunzigern möglich war.

Jan Tschichold 1935

Die  der Lesbarkeit wird oft

zu

wörtlich genommen

und auf Kosten der

INDIVIDUALITÄT überbetont.

Paul Rand 1914 • 1996

Schriften
Miss Fajardose
Garamond Premier Pro Regular
  und Italic
Type Embellishments One

Schriften
Flyswim
SchmutzICG Cleaned
Helvetica Regular
Schablone Thalia rough
Positive

Inhalt

Designprinzipien

Gestalten mit Schrift

Extras

Eignet sich dieses Buch für Sie?

Wenn Sie Seiten gestalten möchten, aber keine Erfahrung haben oder keine formale Ausbildung im Designbereich besitzen, ist dieses Buch für Sie geschrieben – und zwar nicht nur, wenn Sie schicke Verpackungen oder umfangreiche Broschüren gestalten müssen. Ich spreche Sie ebenfalls an, wenn Ihr Chef von Ihnen jetzt auch noch erwartet, dass sie die Hauszeitungen gestalten, wenn Sie ehrenamtlich in Ihrer Kirche arbeiten und der Gemeinde Informationen zur Verfügung stellen, ein kleines Geschäft haben und Ihre eigenen Anzeigen gestalten möchten, wenn Sie Schüler sind und Ihnen klar ist, dass eine optisch attraktive Arbeit häufig eine bessere Benotung ergibt, wenn Sie als Lehrer gemerkt haben, dass die Schüler besser auf gut gestaltete Informationen ansprechen, wenn Sie Statistiker sind, der seine Zahlen und Diagramme so anordnen möchte, dass sie zum Lesen statt zum Einschlafen einladen – und so weiter.

Dieses Buch geht davon aus, dass Sie keine Zeit oder Lust haben, Design und Typografie zu studieren, aber trotzdem wissen möchten, was Sie tun können, damit Ihre Seiten besser aussehen. Nun, die Prämisse dieses Buchs ist uralt: Wissen ist Macht. Die meisten Menschen stellen beim Betrachten einer schlecht gestalteten Seite fest, dass sie ihnen nicht gefällt; aber sie wissen nicht, wie sie dies ändern können. In diesem Buch zeige ich vier grundlegende Konzepte, die in buchstäblich jedem gut gestalteten Layout verwendet werden. Diese Konzepte sind klar und konkret. Wenn Sie nicht wissen, was falsch ist – wie können Sie es ändern? Sobald Sie die Konzepte erkennen, stellen Sie fest, ob sie auf Ihre Seiten angewandt wurden oder nicht.

Sobald Sie das Problem benennen können, können Sie die Lösung finden.

Dieses Buch soll kein jahrelanges Designstudium ersetzen. Ich behaupte nicht, dass Sie automatisch ein brillanter Designer werden, nachdem Sie dieses Büchlein gelesen haben. Ich garantiere Ihnen jedoch, dass Ihr Blick auf eine Seite nicht mehr derselbe sein wird. Ich versichere Ihnen: Wenn Sie meinen Grundprinzipien folgen, wird Ihre Arbeit professionell, wohlgeordnet, einheitlich und interessant aussehen. Und Sie werden sich kompetent fühlen.

Herzlichst, *Robin*

Das Palmlilien-Gleichnis

Dieses kurze Kapitel erklärt die vier grundlegenden Prinzipien im Allgemeinen. Jedes dieser Prinzipien werde ich in den folgenden Kapiteln genauer erklären. Zuerst möchte ich Ihnen jedoch eine kleine Geschichte erzählen, die mir gezeigt hat, wie wichtig es ist, Dinge benennen zu können. Der Schlüssel zur Macht über die Prinzipien ist, diese *benennen* zu können.

Vor vielen Jahren bekam ich zu Weihnachten ein Baumbestimmungsbuch. Ich war bei meinen Eltern eingeladen und nachdem wir alle Geschenke geöffnet hatten, beschloss ich, hinauszugehen, um die Bäume in der Umgebung zu bestimmen. Zuvor las ich einen Teil des Buchs. Der erste Baum im Buch war die Josua-Palmlilie, bei deren Bestimmung nur zwei Merkmale zu beachten sind. Nun sieht die Josua-Palmlilie wirklich seltsam aus. Ich sah mir das Bild an und dachte mir: „Also, diesen Baum gibt es bei uns in Nordkalifornien bestimmt nicht. Der sieht wirklich merkwürdig aus. Wenn ich so einen Baum schon einmal gesehen hätte, wäre es mir aufgefallen. Ich habe wirklich noch nie einen gesehen."

Also nahm ich das Buch und ging nach draußen. Meine Eltern lebten in einer Sackgasse mit sechs Häusern. In vier der Vorgärten dieser Häuser standen Josua-Palmlilien. Ich lebte dreizehn Jahre in diesem Haus und hatte niemals eine Palmlilie gesehen. Ich ging um den Block und stellte fest, dass wohl ein Sonderverkauf von Palmlilien in der örtlichen Baumschule stattgefunden hatte, als die Leute die Gärten ihrer neuen Häuser gestalteten – in mindestens 80 Prozent der Vorgärten standen Josua-Palmlilien. *Und ich hatte noch nie zuvor eine gesehen!* Sobald mir der Baum bewusst war – sobald ich ihn benennen konnte –, sah ich ihn überall. Das ist genau der Punkt: Sobald Sie eine Sache benennen können, sind Sie sich ihrer bewusst. Sie haben Macht über sie. Sie besitzen sie. Sie können sie kontrollieren. Deshalb lernen Sie jetzt die Namen verschiedener Designprinzipien kennen – und erhalten Kontrolle über Ihre Seiten.

**Gutes Design
im Handumdrehen**

1. Erlernen Sie die Grundprinzipien.
Sie sind einfacher, als Sie vielleicht glauben.
2. Machen Sie sich bewusst, wenn Sie sie nicht verwenden.
Fassen Sie das Problem in Worte – benennen Sie es.
3. Wenden Sie die Prinzipien an.
Sie werden überrascht sein.

Schriftarten
Times New Roman
Regular **und Fett**

Gutes Design
im Handumdrehen

1 Erlernen Sie die Grundprinzipien.
Sie sind einfacher, als Sie vielleicht glauben.

2 Machen Sie sich bewusst, wenn Sie sie nicht verwenden.
Fassen Sie das Problem in Worte – benennen Sie es.

3 Wenden Sie die Prinzipien an.
Sie werden überrascht sein.

Schriften
Univers 75
Black
Univers 65 Bold
Cochin Italic
Potrzebie (Zahlen)

Die vier Prinzipien

Nachfolgend gebe ich Ihnen einen kurzen Überblick über die grundlegenden Gestaltungsprinzipien, die in jedem gut gestalteten Layout wiederkehren. Obwohl ich jedes dieser Prinzipien einzeln vorstelle, beachten Sie, dass sie miteinander verwoben sind. Nur selten werden Sie lediglich eine Richtlinie anwenden.

Kontrast

Die Idee hinter dem Kontrast ist die Vermeidung von Elementen, die einander zu *ähnlich* sind. Wenn die Elemente (Schrift, Farbe, Größe, Linienstärke, Form, Abstand usw.) nicht *gleich* sind, dann gestalten Sie sie **sehr unterschiedlich.** Kontrast ist häufig der wichtigste visuelle Anreiz auf einer Seite – durch ihn erhält der Leser überhaupt erst einen Impuls, die Seite zu betrachten.

Wiederholung

Wiederholen Sie die visuellen Elemente des Designs im gesamten Layout. Sie können Farben, Formen, Texturen, Abstände, Linienstärken, Schriften, Größen, grafische Konzepte usw. wiederholen. Damit unterstreichen Sie die Organisation und verstärken die Einheit.

Ausrichtung

Platzieren Sie nichts zufällig auf der Seite. Jedes Element sollte eine visuelle Verbindung mit einem anderen Seitenelement haben. Dann bekommen Sie ein sauberes, anspruchsvolles und frisches Design.

Nähe

Einander zugehörige Elemente sollten dicht nebeneinander angeordnet sein. Wenn mehrere Elemente nahe beieinander platziert werden, sind sie keine getrennten Einheiten mehr, sondern sie werden zu einer visuellen Einheit. So lassen sich Informationen leichter organisieren, das Layout wirkt nicht überfüllt und der Leser erhält eine klar strukturierte Seite.

Gute
Kommunikation
ist so

wie schwarzer Kaffee . . .

und man
kann danach
ebenso schlecht
einschlafen.

ANNE MORROW LINDBERGH

Schriften
Mona Lisa Solid
Escatido Gothico

Nähe

Designneulinge machen sehr häufig immer denselben Fehler: Die Wörter, Absätze und Grafiken nehmen die gesamte Seite bis in die Ecken ein, so dass kein Leerraum mehr bleibt. Es scheint eine gewisse Furcht vor Leerraum zu existieren. Wenn die Bestandteile eines Layouts über die ganze Seite verstreut sind, wirkt diese Seite ungeordnet und die Informationen sind für den Leser nicht unmittelbar zugänglich.

Robins Gesetz der Nähe besagt, dass Sie **verwandte Elemente miteinander gruppieren,** sie nahe aneinanderrücken sollten, so dass die miteinander verwandten Elemente als zusammenhängende Gruppen und nicht als ein Haufen unzusammenhängender Teile wahrgenommen werden.

Informationselemente oder -gruppen, die *nichts* miteinander zu tun haben, sollten sich *nicht* in unmittelbarer Nähe der anderen Elemente befinden. So sieht der Leser gleich, wie die Seite aufgebaut ist, und kann sich inhaltlich orientieren.

Ein sehr einfaches Beispiel verdeutlicht dieses Konzept. Was würden Sie bezüglich der Blumen in der Liste unten links annehmen? Wahrscheinlich haben sie eine Gemeinsamkeit, nicht wahr? Was würden Sie bezüglich der Liste unten rechts annehmen? Offensichtlich unterscheiden sich die letzten vier Blumen irgendwie von den anderen. Und Sie erkennen dies, ohne dass Sie sich dessen bewusst werden. Sie *wissen*, dass die letzten vier Blumen irgendwie anders sind, weil sie *vom Rest der Liste räumlich getrennt sind.* Das ist das Konzept der Nähe – auf einer Layoutseite (und im wirklichen Leben) **impliziert Nähe eine Verbindung.**

Meine Blumen

Ringelblume
Stiefmütterchen
Gartenraute
Geißblatt
Gänseblümchen
Schlüsselblume
Nelke
Primel
Veilchen
Rose

Meine Blumen

Ringelblume
Stiefmütterchen
Gartenraute
Geißblatt
Gänseblümchen
Schlüsselblume

Nelke
Primel
Veilchen
Rose

Schriften
Spring Regular
Formata Light

Betrachten Sie das folgende typische Visitenkartenlayout. Wie viele einzelne Elemente sehen Sie auf dieser kleinen Fläche? Das heißt, wie oft bleibt Ihr Auge an einem Element hängen?

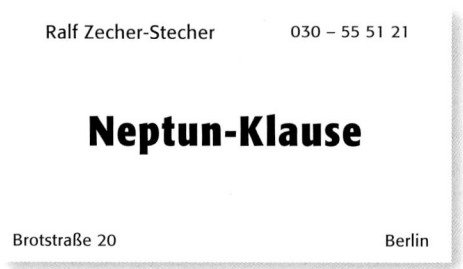

Ist Ihr Auge fünfmal hängengeblieben? Natürlich — es gibt fünf einzelne Elemente auf dieser kleinen Karte.

Wo beginnen Sie zu lesen? Wahrscheinlich in der Mitte, weil diese Zeile am fettesten gedruckt ist.

Was lesen Sie als Nächstes — von links nach rechts (weil die deutsche Sprache in dieser Richtung gelesen wird)?

Was passiert, wenn Sie in der rechten unteren Ecke angekommen sind, wohin führt Ihr Auge Sie dann?

Wandert es umher, um sicherzustellen, dass Sie nichts übersehen haben?

Und was passiert, wenn ich für weitere Verwirrung sorge?

Wo beginnen Sie, nachdem es nun zwei fett gedruckte Zeilen gibt? Links oben oder in der Mitte?

Wohin bewegt sich Ihr Auge, nachdem Sie diese beiden Elemente gelesen haben? Vielleicht springen Sie zwischen den fettgedruckten Wörtern hin und her und versuchen nervös, auch die Wörter in den Ecken nicht zu verfehlen?

Wissen Sie, ob Sie mit dem Lesen fertig sind?

Geht es Ihren Freunden genauso?

Wenn Sie mehrere Elemente in unmittelbarer Nähe zueinander anordnen, sind sie keine *getrennten* Einheiten mehr, sondern sie werden zu *einer* visuellen Einheit. Wie im wirklichen Leben **bedeutet Nähe eine Verbindung.**

Gruppieren Sie ähnliche Elemente zu einer Einheit, passieren sofort mehrere Dinge: Die Seite wirkt besser geordnet. Ihnen wird klar, wo Sie mit dem Lesen beginnen sollen, und Sie erkennen, wann Sie damit fertig sind. Und der Leerraum, also die Fläche um die Buchstaben, wird ebenfalls automatisch besser geordnet.

Ein Problem bei der vorigen Karte ist, dass scheinbar keines der Elemente auf der Karte eine Verbindung zu einem anderen Element hat. Es ist nicht klar, wo Sie mit dem Lesen beginnen sollen und wann Sie fertig sind.

Ich ändere jetzt nur eine einzige Sache an dieser Visitenkarte – ich gruppiere verwandte Elemente miteinander und rücke sie näher zusammmen. **Sehen Sie, was passiert:**

Neptun-Klause
Ralf Zecher-Stecher

Brotstraße 20
Berlin
030 – 55 51 21

Gibt es nun irgendeinen Zweifel, wo Sie mit dem Lesen beginnen sollen? Wohin bewegen sich Ihre Augen als Nächstes? Wissen Sie, wann Sie fertig sind?

Mit diesem einfachen Konzept ist diese Karte nun sowohl vom **Sinn** als auch vom **Aussehen** her wohlgeordnet. Und deshalb kommuniziert sie besser.

Schriften
Formata Light
Formata Bold Condensed

Unten sehen Sie einen typischen Newslettertitel. Wie viele einzelne Elemente enthält dieses Layout? Hat irgendeines der Elemente hinsichtlich seiner Platzierung eine Verbindung zu einem anderen Element?

Nehmen Sie sich einen Moment Zeit und entscheiden Sie, welche Elemente dichter aneinandergerückt und welche getrennt werden sollten.

Schriften
Palatino Light
und Italic
Wade Sans Light

Die beiden Elemente oben links befinden sich dicht nebeneinander, wodurch eine Zugehörigkeit entsteht. Aber **sollen** diese beiden Elemente überhaupt zusammengehören? Ist es die Gesellschaft, die amüsant und exklusiv ist, oder ist es das Shakespeare-Magazin?

Was ist mit der Ausgabe und dem Datum? Diese sollten nahe beieinanderliegen, weil sie beide diese spezielle Ausgabe identifizieren.

Im Beispiel unten wurden die korrekten Beziehungen erzeugt.

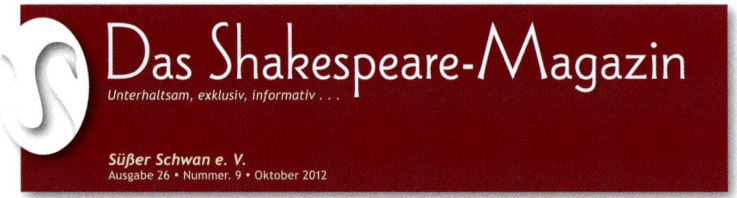

Wie Sie sehen, habe ich gleich noch ein paar andere Dinge erledigt:

Ich änderte alle Texte von Versalien in Kleinbuchstaben mit den entsprechenden Großbuchstaben. Dadurch erhielt ich mehr Platz und konnte den Titel größer und stärker gestalten.

Ich änderte die abgerundeten Ecken in scharfe Ecken, wodurch das Layout sauberer und überzeugender wirkte.

Ich vergrößerte den Schwan und ließ ihn über die Kante hinausragen. Nur nicht so schüchtern!

Weil der Text aus dem dunklen Hintergrund ausgestanzt erscheint, änderte ich die kleine Schrift in Trebuchet, so dass sie im Druck nicht zulaufen kann.

Wenn Sie einen Flyer, eine Broschüre, einen Newsletter oder dergleichen gestalten, wissen Sie bereits, welche Informationen eine logische Verbindung zueinander haben, Sie *wissen,* welche Informationen stärker und welche schwächer betont werden sollten. Drücken Sie diese Informationen grafisch aus, indem Sie sie gruppieren.

Analogien
Blumen, Kräuter, Bäume
Alte Griechen und Römer
Historische Schriften
Assoziationen
Frauen
Tod
Morgen
Schlangen
Sprache
Jambischer Pentameter
Rhetorische Fragen
Poetische Anklänge
Sammlungen
Kleine Drucke
Kitsch
Dingbats
Themen
Schurken und Heilige
Drinks und Rezepte
Musik
Quizzes
Spannende, aber schwierige Rätsel

Analogien
Blumen, Kräuter, Stauden
Alte Griechen und Römer
Historische Schriften

Assoziationen
Frauen
Tod
Morgen
Schlangen

Sprache
Jambischer Pentameter
Rhetorische Fragen
Poetische Anklänge

Sammlungen
Kleine Drucke
Kitsch
Dingbats

Themen
Schurken und Heilige
Drinks und Rezepte
Musik

Quizzes
Spannende, aber schwierige Rätsel

Schriften
Warnock Pro Light
und Bold
Formata Bold

Diese Liste muss offensichtlich formatiert werden, damit sie verständlich wird. Das größte Problem ist hier jedoch, dass alle Elemente miteinander benachbart sind, so dass man keine Verbindung oder Ordnung erkennen kann.

Dieselbe Liste wurde in visuelle Gruppen aufgeteilt. Ich bin sicher, dass Sie dies automatisch tun — ich schlage nur vor, dass Sie es nun **bewusst** und dadurch überzeugender tun.

Beachten Sie, dass ich die Überschriften mit etwas stärkerem **Kontrast** versehen habe.

Manchmal sind ein paar Änderungen notwendig, wenn Sie Elemente dicht beieinander gruppieren, zum Beispiel bezüglich der Größe, Stärke oder der Platzierung von Texten oder Grafiken. Der Textkörper muss keine 12 Punkt groß sein! Der Hauptinformation untergeordnete Informationen wie die Ausgabe und das Jahr eines Newsletters müssen in vielen Fällen nur 7 oder 8 Punkt groß sein.

Erster Freitag e.V.
Winterlesungen

Freitag, 1. November, 17.00 Uhr *Cymbeline*
In diesem actionreichen Drama verkleidet sich unsere starke und aufrichtige Heldin Imogen als Knabe und flieht in eine Höhle in Wales, damit sie den Mann, den sie hasst, nicht heiraten muss.
Freitag, 6. Dezember, 17.00 Uhr *Das Wintermärchen*
Die entzückende Paulina und die unerschütterliche Hermione haben seit sechzehn Jahren ein gemeinsames Geheimnis, bis das Orakel sich erfüllt und die lang verlorene Tochter gefunden wird.
Alle Lesungen finden in der Neptun-Klause, statt. Gesponsert vom Städtischen Kulturprogramm.
Eintrittskarten zu 5 und 8 €.
Karteninfo: 55 51 21
Außerdem: Freitag, 3. Januar, 17.00 Uhr *Die 12. Nacht*
Erleben Sie, wie Olivia einen Schiffbruch überlebt, sich als Mann verkleidet, eine Anstellung findet und wie sich sowohl ein Mann als auch eine Frau in sie verlieben.

Schriften
Anna Nicole
Formata Regular

Diese Seite ist nicht nur optisch langweilig (nichts zieht das Auge auf den Textkörper), es ist auch schwierig, die Informationen aufzufinden — was ist genau los, wo spielt sich die Veranstaltung ab und um welche Uhrzeit usw. Es ist kontraproduktiv, dass die Informationen inkonsistent dargestellt werden.

Zum Beispiel: Aus wie vielen Lesungen besteht die Reihe?

Die Idee von Nähe bedeutet nicht, dass *alles* nahe beieinanderliegen soll; es bedeutet vielmehr, dass *vom Sinn her miteinander verbundene* Elemente, die eine kommunikative Verbindung zueinander haben, auch *visuell verbunden sein sollten.* Andere Einzelelemente oder Elementgruppen sollten sich *nicht* in unmittelbarer Nähe befinden. Die Nähe *oder* fehlende Nähe deutet die Beziehung an.

Wie viele Lesungen finden statt?

Zuerst gruppierte ich die Informationen nach ihrem Sinn (in meinem Kopf oder auf Papier); dann gruppierte ich den Text. Ich ordnete ihn auf der Seite in Gruppen an. Beachten Sie, dass der Abstand zwischen den drei Lesungen gleich bleibt. So sehen Sie, dass diese Gruppen irgendwie miteinander zusammenhängen.

Die untergeordneten Informationen befinden sich weiter entfernt – Sie wissen **sofort**, dass es sich um keine Lesung handelt, auch wenn Sie dies nicht deutlich erkennen können.

Unten sehen Sie ein ähnliches Beispiel wie auf der vorigen Seite. Werfen Sie einen kurzen Blick darauf – welche Annahmen können Sie nun bezüglich der drei Lesungen machen? Und warum genau glauben Sie, dass eine Lesung sich von den anderen unterscheidet? Weil die eine von den anderen getrennt ist. Sie wissen *wegen der räumlichen Beziehungen* sofort, dass sich die Veranstaltung in irgendeiner Weise von den anderen unterscheidet.

Es ist wirklich erstaunlich, wie viele Informationen uns ein schneller Blick auf eine Seite liefert. Deshalb sind Sie dafür verantwortlich, dass der Leser die **korrekte** Information erhält.

Der Gestalter wollte wahrscheinlich eine lustige und dynamische Tanzpostkarte gestalten. Können Sie jedoch auf den ersten Blick sagen, wann und wo die Kurse stattfinden?

Wenn wir das Prinzip der Nähe nutzen, um die Informationen zu organisieren (wie Sie unten sehen), können wir sofort kommunizieren, was, wann und wo stattfindet. Wir gehen kein Risiko ein, potenzielle Kunden zu verlieren, die sich nicht durch die schräggestellten Texte kämpfen möchten.

Verdrängen Sie das Gefühl, dass Sie auf dieser Karte etwas zum Tanzen bringen müssen. Im Moment sollten Sie sich für klare Kommunikation entscheiden, wenn Sie die Wahl zwischen Kommunikation und amateurhaftem Design haben. Die Verbesserung Ihrer Gestaltungsmöglichkeiten ist ein allmählicher Prozess und **beginnt mir klarer Kommunikation.**

Schrift
Jiggery Pokery

Das Prinzip der Nähe haben Sie beim Layouten wahrscheinlich bereits verwendet; aber Sie sind dabei vielleicht nicht so weit gegangen, dass das Ergebnis wirklich effektiv wurde. Betrachten Sie einmal diese Seiten und überlegen Sie bewusst, welche Elemente gruppiert werden *sollten.*

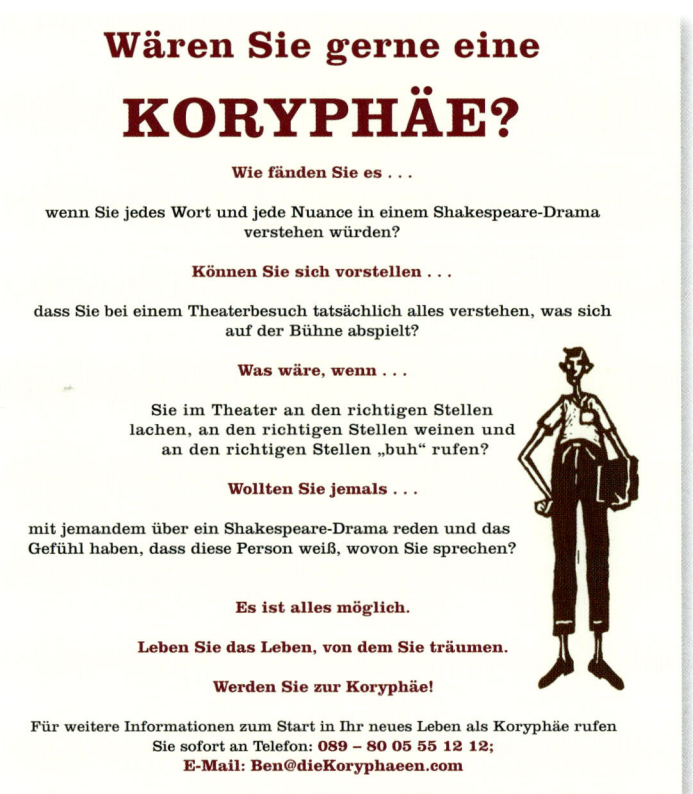

Schriften
Clarendon Bold
und Roman

Der Gestalter dieses Mini-Plakats drückte nach jeder Überschrift **und** jedem Absatz zweimal die ⏎-Taste. Obwohl die Überschriften oben und unten denselben Abstand vom Text haben, erscheinen die Überschriften und Absätze als getrennte, nicht miteinander verbundene Elemente. Sie können nicht feststellen, ob die Überschrift zum Text darüber oder darunter gehört, weil die Abstände identisch sind.

Es gibt hier viele Leerräume, aber diese wirken löchrig. Und es gibt Leerräume an ungeeigneten Stellen, zum Beispiel zwischen den Überschriften und den zugehörigen Texten. Wenn Leerräume wie hier „eingeschlossen" sind, neigen die Elemente dazu, optisch auseinanderzufallen.

Gruppieren Sie die Elemente, die eine Beziehung zueinander haben. Ist die Ordnung bestimmter Teile der Seite nicht eindeutig, prüfen Sie, ob es benachbarte Elemente gibt, die *nicht* benachbart sein sollten. Arbeiten Sie mit dem einfachen Gestaltungsmittel des Leerraums, damit Ihre Seite nicht nur ordentlicher, sondern auch gefälliger wirkt.

Schriften
Clarendon
Bold, Roman,
und Light

Als einzige Änderung im Layout rücke ich die Überschriften näher an die zugehörigen Textabsätze. Dadurch geschehen gleich mehrere Dinge:

Die Organisation wird klarer.

Der Leerraum ist nicht innerhalb anderer Elemente eingeschlossen.

Auf der Seite entsteht scheinbar mehr Platz.

Außerdem setzte ich die Telefonnummer und die E-Mail-Adresse in eigene Zeilen – aber miteinander gruppiert und getrennt – so dass sie als wichtige Informationen hervorstechen.

Und Sie haben vielleicht gemerkt, dass ich den Text linksbündig statt zentriert ausgerichtet habe (dieses Prinzip der **Ausrichtung** erläutere ich im nächsten Kapitel), wodurch ich mehr Platz erhielt und die Grafik vergrößern konnte.

Beim Prinzip der Nähe geht es eigentlich nur darum, etwas bewusster zu arbeiten und eine Selbstverständlichkeit etwas weiterzuführen. Sobald Ihnen die Wichtigkeit der Beziehungen zwischen den Textzeilen klar wird, erkennen Sie diesen Effekt. Sobald Sie die Auswirkungen erkennen, machen Sie sich diese zu eigen, Sie haben die Kontrolle, Sie sitzen am Hebel.

Gertrudes Pianobar

VORSPEISEN:
GERTRUDES BERÜHMTES ZWIEBELBROT - 8
GAZPACHO ODER SPARGEL-SPINAT-SUPPE - 7
SOMMERSALAT AUS GARTENTOMATEN - 8
SONNENGEREIFTE, GELBE UND ROTE
TOMATENSCHEIBEN MIT FRISCHEM MOZARELLA
UND BASILIKUM-BALSAMICO-VINAIGRETTE
SALAT „HAMLET" - 7
GEWÜRFELTE GURKEN, RADIESCHEN, AVOCADO,
TOMATEN, JARLSBERG-KÄSE UND RÖMERSALAT IN
LEICHTER ZITRONENVINAIGRETTE
SALAT „CÄSAR" - 7
GERTRUDES SPEZIALDRESSING, PARMESAN UND
CROUTONS
CEVICHE „KARIBIK" - 9
BABY-MUSCHELN IN LIMONENMARINADE UND
MIT ROTEM CHILLI, ZWIEBELN, JALAPENOS UND
ORANGENSAFT
SHRIMP-COCKTAIL - 14
FÜNF GROSSE SHRIMPS MIT GERTRUDES SPEZIAL-
COCKTAILSAUCE
HAUPTGERICHTE:
STEAK „NEW YORK", 400 G - 27
GEGRILLTES HÄHNCHEN - 17
FRISCHER FISCH, 250 G - MARKTPREIS
GEGRILLTE SHRIMPS - 24
KRABBENKÜCHLEIN „NEW ORLEANS"
MIT WARMEM KRAUTSALAT, KARTOFFELPÜREE,
SPINAT UND ROMESCO-SAUCE - 18
GEFÜLLTE CHAMPGIGNONS
MIT RICOTTA-KÄSE, KNOBLAUCH, ZWIEBELN UND
SPINAT AN KARTOFFELPÜREE - 18
STEAK VOM NEUSEELANDLAMM - 26
GEGRILLTE BABY-RIPPCHEN - 24
AUSTRALISCHER HUMMERSCHWANZ, 250 G -
MARKTPREIS
SURF & TURF
AUSTRALISCHER HUMMER & RINDERSTEAK -
MARKTPREIS

Schriften
Potrzebie
Times New Roman

Glauben Sie, dass keine echte Speisekarte so mies aussehen könnte? Dann sollten Sie wissen, dass ich genau die abgebildete Karte aus einem Restaurant mitgenommen habe. Wirklich. Das größte Problem ist natürlich, dass alle Informationen in einem einzigen großen Stück präsentiert werden.

Bevor Sie versuchen, die Karte neu zu gestalten, notieren Sie sich die einzelnen zusammengehörigen Informationseinheiten. Gruppieren Sie die Elemente. Sie wissen, wie das geht – nutzen Sie einfach Ihren Verstand.

Sobald Sie die Informationsgruppen haben, können Sie mit ihnen auf der Seite spielen. Sie haben einen Computer – probieren Sie viele verschiedene Möglichkeiten aus. Lernen Sie, wie man eine Seite mit Ihrer Software gestaltet.

Im Beispiel unten *vergrößerte* ich den Abstand zwischen den einzelnen Menüelementen. Natürlich sollten Sie niemals alles in Versalien setzen, weil diese sehr schwer zu lesen sind. Deshalb verwendete ich die korrekte Groß-/Kleinschreibung. Und ich verkleinerte die Schrift um ein paar Punkte, so dass ich mehr Platz zur Verfügung hatte und zwischen den einzelnen Elementen mehr Leerraum lassen konnte.

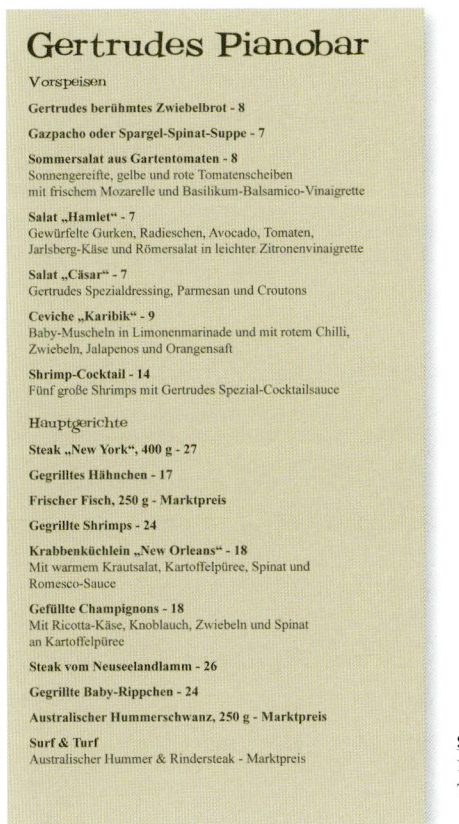

Das größte Problem bei der Original-Speisekarte ist, dass es keine Trennung der Informationen gibt. Informieren Sie sich über die Formatierungsmöglichkeiten Ihrer Software, so dass Sie vor und nach jedem Element exakt den benötigten Abstand einfügen können.

Der ursprüngliche Versaltext nahm den gesamten Raum ein, so dass sich Ihre Augen auf keinem zusätzlichen Leerraum ausruhen konnten. Je mehr Text Sie haben, desto weniger geeignet sind Versalien. Und es ist in Ordnung, wenn Sie den Text kleiner als 12 Punkt setzen! Wirklich!

Im Beispiel auf der vorigen Seite haben wir immer noch ein kleines Problem mit der Trennung der „Vorspeisen" und der „Hauptgerichte." Wie wäre es mit einem Einzug für jeden Abschnitt? Wie Sie sehen, definiert dieser zusätzliche Leerraum die beiden Gruppen noch weiter, vermittelt dabei aber deutlich, dass es trotzdem ähnliche Gruppen sind. Indem ich die „Vorspeisen" und die „Hauptgerichte" vergrößerte, wendete ich zudem das Kontrastprinzip an.

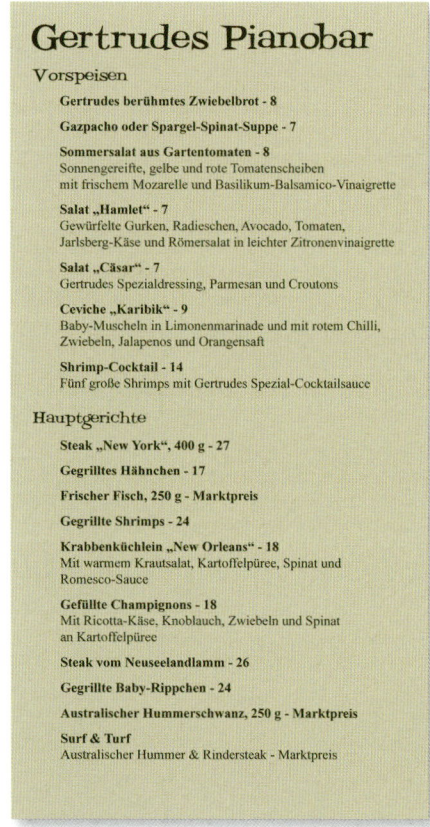

Wir haben wirklich nicht genug Platz, um den Abstand vor den „Vorspeisen" und den „Hauptgerichten" zu erhöhen. Wir haben aber Platz für einen Einzug. Durch diesen zusätzlichen Leerraum unter der Überschrift können wir diese beiden Informationsgruppen voneinander trennen. Leerraum ist alles.

Nur selten ist das Prinzip der Nähe die einzige Lösung. Die anderen drei Prinzipien sind für den Gestaltungsprozess ebenso wesentlich und normalerweise nutzen Sie alle vier. Aber eins nach dem anderen – beginnen Sie mit der Nähe. Im Beispiel unten können Sie sich vorstellen, dass alle anderen Prinzipien nutzlos blieben, wenn ich nicht zuerst die passenden Abstände schaffen würde.

Gertrudes Pianobar

Vorspeisen

Gertrudes berühmtes Zwiebelbrot	8
Gazpacho oder Spargel-Spinat-Suppe	7
Sommersalat aus Gartentomaten	8
Sonnengereifte, gelbe und rote Tomatenscheiben mit frischem Mozarelle und Basilikum-Balsamico-Vinaigrette	
Salat „Hamlet"	7
Gewürfelte Gurken, Radieschen, Avocado, Tomaten, Jarlsberg-Käse und Römersalat in leichter Zitronenvinaigrette	
Salat „Cäsar"	7
Gertrudes Spezialdressing, Parmesan und Croutons	
Ceviche „Karibik"	9
Baby-Muscheln in Limonenmarinade und mit rotem Chilli, Zwiebeln, Jalapenos und Orangensaft	
Shrimp-Cocktail	14
Fünf große Shrimps mit Gertrudes Spezial-Cocktailsauce	

Hauptgerichte

Steak „New York", 400 g	27
Gegrilltes Hähnchen	17
Frischer Fisch, 250 g	Marktpreis
Gegrillte Shrimps	24
Krabbenküchlein „New Orleans"	18
Mit warmem Krautsalat, Kartoffelpüree, Spinat und Romesco-Sauce	
Gefüllte Champignons	18
Mit Ricotta-Käse, Knoblauch, Zwiebeln und Spinat an Kartoffelpüree	
Steak vom Neuseelandlamm	26
Gegrillte Baby-Rippchen	24
Australischer Hummerschwanz, 250 g	Marktpreis
Surf & Turf: Australischer Hummer & Rindersteak	Marktpreis

Schriften
Potrzebie
Cotoris Bold *und Italic*

Ich wählte eine interessantere Schriftart als Times New Roman – diese Verbesserung ist leicht zu bewerkstelligen. Ich experimentierte mit Einzügen für die Beschreibungen der Menüelemente. Auch dadurch konnte ich die einzelnen Elemente noch etwas deutlicher herausstellen.

Es störte mich, dass die Preise der Gerichte im Text versteckt und durch alberne Bindestrichen abgetrennt waren. Deshalb richtete ich alle Preise übersichtlich und konsistent am rechten Rand aus. Das ist das Prinzip der **Ausrichtung,** zu dem wir ein paar Seiten weiter hinten kommen.

Durch das einfache Prinzip der Nähe lässt es sich in Webseiten leichter navigieren, da die Informationen in logische Gruppen unterteilt sind. Prüfen Sie jede Website, in der Sie leicht navigieren können – Sie werden feststellen, dass die Informationen in logischen Abschnitten gruppiert sind.

Schriften
Wade Sans Light
Clarendon Bold
und Roman
Trebuchet ☞

Die Informationen auf dieser Seite sind verworren. Betrachten Sie die Links direkt unter dem Titel. Sind sie alle gleich wichtig? In der obigen Anordnung scheinen sie alle gleichwertig – in Wirklichkeit trifft dies aber nicht zu.

Ich muss mich wiederholen: Vom Verstand her wissen Sie nun, wie Sie das Prinzip der Nähe anwenden. Sie wissen bereits, wie Sie Informationsabschnitte richtig gruppieren. Sie müssen diese Kenntnisse nur noch auf die gedruckte Seite übertragen. Definieren Sie Elementgruppen durch Leerräume.

Ich ordnete alle Links in einer Spalte an, um ihre Beziehungen zueinander zu zeigen.

Ich setzte das Zitat weiter vom Textkörper ab, weil er nicht unmittelbar zu diesem gehört.

Ich wandte auch das Prinzip der **Ausrichtung** an (das im folgenden Kapitel 3 näher erläutert wird). Durch eine linksbündige Ausrichtung stellte ich sicher, dass jedes Element an einem anderen Element ausgerichtet ist.

Zusammenfassung: Das Prinzip der Nähe

Wenn sich mehrere Elemente in unmittelbarer **Nähe** befinden, erscheinen sie nicht mehr als mehrere getrennte Einheiten, sondern sie werden zu einer visuellen Einheit. Sinnverwandte Elemente sollten miteinander gruppiert werden. Achten Sie darauf, wohin Ihre Augen Sie führen: Wohin blicken Sie zuerst; welchem Pfad folgen Sie, wohin sehen Sie zuletzt? Und wohin wandern Ihre Augen danach? Ihre Augen sollten auf einem logischen Pfad durch das Dokument wandern, von einem definierten Anfang zu einem definierten Ende.

Das grundlegende Ziel

Der Hauptzweck der Nähe ist die **Organisation.** Hierbei kommen auch andere Prinzipien ins Spiel. Sie schaffen jedoch automatisch Ordnung, wenn Sie verwandte Elemente näher aneinanderrücken. Wenn die Informationen wohlgeordnet sind, ist es wahrscheinlicher, dass sie gelesen werden und dass man sich an sie erinnert. Als Nebenprodukt erhalten Sie auch einen ansprechenderen (ordentlicheren) *Leerraum* (das Lieblingskind des Designers).

Wie Sie es erreichen

Kneifen Sie Ihre Augen leicht zusammen und **zählen** Sie die Anzahl der visuellen Elemente auf der Seite. Dazu zählen Sie mit, wie oft Ihr Auge innehält. Wenn es mehr als drei bis fünf Elemente auf der Seite gibt (natürlich hängt dies vom Layout ab), sollten Sie prüfen, welche Einzelelemente Sie näher aneinanderrücken und damit als visuelle Einheit gestalten können.

Was Sie vermeiden sollten

Setzen Sie keine Elemente in die Ecken oder in die Mitte, nur weil diese Stellen leer sind.

Vermeiden Sie zu viele Einzelelemente auf einer Seite.

Vermeiden Sie identische Leerräume zwischen den Elementen, es sei denn, dass jede Gruppe Teil einer Obergruppe ist.

Vermeiden Sie auch nur einen Sekundenbruchteil der Verwirrung, ob eine Überschrift, ein Untertitel, eine Beschriftung, Grafik usw. zu den entsprechenden Elementen gehört. Schaffen Sie durch Nähe eine Verbindung zwischen den zusammengehörigen Elementen.

Gruppieren Sie keine Elemente, die nicht zusammengehören! Wenn sie *nicht zusammengehören,* setzen Sie sie weit auseinander.

Ausrichtung

Gestaltungsneulinge neigen dazu, Texte und Grafiken auf der Seite dort zu positionieren, wo zufällig Platz ist. Dabei nehmen sie häufig keine Rücksicht auf andere Seitenelemente. So entsteht ein Effekt, der an eine etwas unaufgeräumte Küche erinnert – Sie wissen schon, hier eine Tasse, dort ein Teller, da eine Serviette auf dem Buffet, ein Topf in der Spüle, ein Fleck auf dem Boden. So etwas ist schnell behoben – und genauso schnell räumen Sie ein etwas unordentliches Design mit schlechter Ausrichtung auf.

Robins Gesetz der Ausrichtung besagt: **„Nichts sollte willkürlich auf der Seite platziert sein. Jedes Element sollte eine visuelle Verbindung mit einem anderen Seitenelement haben."** Das Prinzip der Ausrichtung zwingt Sie, bewusst zu gestalten – Sie können die Elemente nicht mehr einfach auf die Seite klatschen und sehen, wo sie liegenbleiben.

Wenn die Elemente auf der Seite ausgerichtet sind, ist das Ergebnis eine stärkere Zusammengehörigkeit. Auch wenn ausgerichtete Elemente physisch voneinander getrennt sind, gibt es eine unsichtbare Verbindungslinie – sowohl für Ihr Auge als auch für Ihr Gehirn. Obwohl Sie die Verbindung bestimmter Elemente durch Gruppierung zeigen (durch das Prinzip der Nähe), sagt erst das Prinzip der Ausrichtung dem Leser, dass diese Elemente zu demselben Layout gehören. Die folgenden Seiten illustrieren dieses Konzept.

Betrachten Sie diese Visitenkarte. Sie kennen Sie noch aus dem vorigen Kapitel. Das Problem besteht teilweise darin, dass es keinerlei identische Ausrichtungen gibt. Auf dieser kleinen Fläche gibt es Elemente mit drei unterschiedlichen Ausrichtungen: linksbündig, rechtsbündig und zentriert. Die beiden Textgruppen in den unteren Ecken sind nicht auf derselben Grundlinie ausgerichtet und ihre linken oder rechten Kanten sind auch nicht an den beiden Gruppen am unteren Rand der Karte ausgerichtet (deren Grundlinien ebenfalls nicht übereinstimmen).

Ralf Zecher-Stecher   030 – 55 51 21

Neptun-Klause

Brotstraße 20   Berlin

Die Elemente auf dieser Karte wirken, als seien sie einfach irgendwie daraufgeklebt worden. Kein einziges Element hat eine Verbindung zu einem anderen Element der Karte.

Nehmen Sie sich kurz Zeit und entscheiden Sie, welche der obigen Elemente näher aneinandergerückt und welche voneinander getrennt werden sollten.

Neptun-Klause
Ralf Zecher-Stecher

Brotsstraße 20
Berlin
030 – 55 51 21

Wenn Sie alle Elemente nach rechts bewegen und ihnen dieselbe Ausrichtung geben, wirkt die Information sofort organisierter. (Natürlich war es auch hilfreich, verwandte Elemente näher aneinander-zurücken).

Die Textelemente haben nun einen gemeinsamen Rahmen; dieser Rahmen verbindet sie miteinander.

Im Beispiel aus dem Abschnitt über die Nähe (unten noch einmal), ist der Text ebenfalls ausgerichtet – er ist an der Mitte ausgerichtet. Eine zentrierte Ausrichtung wirkt häufig etwas schwach. Wird der Text stattdessen links oder rechts ausgerichtet, wirkt die unsichtbare Linie, die den Text verbindet, viel stärker. Denn dieser folgt nun einer harten vertikalen Kante. Dies gibt dem links und rechts ausgerichteten Text ein klareres und dramatischeres Aussehen. Vergleichen Sie die beiden Beispiele unten. Wir besprechen sie dann auf den folgenden Seiten.

Neptun-Klause
Ralf Zecher-Stecher

Brotstraße 20
Berlin
030 – 55 51 21

In diesem Beispiel sehen Sie ein hübsches Layout mit in logischen Abständen gruppierten Textelementen. Der Text ist in sich und auf der Seite zentriert. Dies ist zwar eine legitime Ausrichtung, jedoch wirken die Kanten „weich", die Mittellinie sehen Sie nicht wirklich.

Neptun-Klause
Ralf Zecher-Stecher

Brotstraße 20
Berlin
030 – 55 51 21

Hier haben wir dieselbe logische Ausrichtung wie oben, aber der Text ist nun rechts ausgerichtet. Sehen Sie die „harte Kante" auf der rechten Seite?

Eine starke unsichtbare Linie verbindet die Kanten dieser beiden Textgruppen. Sie können die Kante tatsächlich sehen. **Die Stärke dieser Kante gibt dem Layout seine Stärke.**

Die unsichtbare Linie verläuft hier von rechts oben nach unten, wodurch die getrennten Textteile miteinander verbunden werden.

Neigen Sie dazu, alles automatisch zu zentrieren? Eine zentrierte Ausrichtung ist die bei Einsteigern am weitesten verbreitete Ausrichtung – sie ist sehr sicher, man fühlt sich gut damit.

Eine zentrierte Ausrichtung erzeugt ein eher formales, ein gesetzteres, ein gewöhnlicheres und manchmal einfach langweiliges Aussehen. Betrachten Sie schicke Designs, die Ihnen gefallen. Ich garantiere Ihnen, dass die meisten davon nicht zentriert sind. Ich weiß, dass es für einen Einsteiger schwer ist, von der zentrierten Ausrichtung abzukommen; Sie müssen sich zunächst dazu zwingen. Aber kombinieren Sie eine starke rechtsbündige oder linksbündige Ausrichtung geschickt mit dem Prinzip der Nähe – und Sie werden überrascht über die Veränderung Ihrer Arbeit sein.

Geschäftsplan
für
Das Shakespeare-Magazin

von Patricia Williams
25. Februar

Geschäftsplan
für
Das Shakespeare-Magazin

von Patricia Williams
25. Februar

Ist dies nicht ein typisches Deckblatt für einen Bericht? Dieses Standardformat sieht langweilig, fast amateurhaft aus, wodurch die erste Reaktion des Betrachters beeinflusst werden könnte.

Die starke linksbündige Ausrichtung gibt dem Deckblatt ein anspruchsvolleres Aussehen. Auch wenn der Name des Autors weit vom Titel entfernt ist, verbindet die unsichtbare Linie der starken Ausrichtung die beiden Textblöcke miteinander.

Schriften
ITC American Typewriter
Medium **und Bold**

Schriften ☞
Minister Light **und Bold**

Bei Briefpapier gibt es so viele Designoptionen! Aber viel zu oft sehen wir eine flache, zentrierte Ausrichtung. Sie können bei der Gestaltung eines Briefpapierlayouts sehr frei sein– denken Sie aber an die Ausrichtung.

Dieses Design ist nicht schlecht, aber das zentrierte Layout wirkt etwas langweilig und der Rahmen schließt den Raum ein, wodurch dieser eingeengt wirkt.

Eine linksbündige Ausrichtung wirkt etwas schicker. Wenn Sie die gepunktete Linie auf die linke Seite beschränken, öffnen Sie die Seite und betonen die Ausrichtung.

Der Text ist rechtsbündig ausgerichtet, aber auf der linken Seite platziert. Der Brief, den Sie auf diesem Briefpapier eingeben, sollte linksbündig ausgerichtet sein, damit er zu dem rechtsbündigen Layout passt.

Seien Sie tapfer! Seien Sie stark!

Ich sage nicht, dass Sie *niemals* ein Element zentrieren sollten! Sie sollten sich nur bewusst sein, welche Auswirkungen eine zentrierte Ausrichtung hat – ist das wirklich das Design, das Sie erzielen möchten? Manchmal ist es so – zum Beispiel sind die meisten Hochzeiten ziemlich gesetzte, förmliche Ereignisse. Wenn Sie also Ihre Hochzeitsanzeige zentrieren möchten, sollten Sie dies bewusst und freudig tun.

Zentriert. Ziemlich lang-
weilig.

Wenn Sie Text zentrieren
möchten, dann wenigstens
deutlich!!

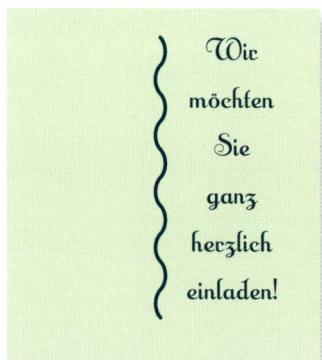

Experimentieren Sie
mit einem aus der Mitte
gerückten Textblock.

Wenn Sie den Text zentrieren
möchten, experimentieren Sie,
um ihn auf eine andere Weise
dramatischer zu gestalten.

Schrift
Anna Nicole

Manchmal können Sie die zentrierte Ausrichtung etwas abwandeln, indem Sie beispielsweise die Schrift zentrieren, den Textblock selbst aber außerhalb des Zentrums setzen. Oder Sie setzen die Schrift weit oben auf die Seite, um mehr Spannung zu erzeugen. Oder Sie verwenden in einem sehr formalen, zentrierten Layout eine sehr informelle, dekorative Schrift. Nicht verwenden sollten Sie hingegen Times in 12 pt mit doppelten Zeilenschaltungen!

Schneeglöckchen
und Primeln,
sie schmückten die Au.
Es baden die Veilchen
sich morgens im Tau.

Robert Burns

Solche Layouts sind für den schlechten Ruf der zentrierten Ausrichtung verantwortlich: Langweilige Schriftart, zu große Schrift, bis an die Ränder laufender Text, doppelte Zeilenschaltungen, ein alberner Rahmen.

Damit eine zentrierte Ausrichtung funktioniert, muss sie mit besonderer Aufmerksamkeit behandelt werden. Dieses Layout ist in einer klassischen Schriftart in relativ kleinem Schriftgrad gesetzt, es gibt mehr Abstand zwischen den Zeilen, viel Leerraum um den Text und keinen Rahmen.

Schneeglöck-
chen und
Primeln, sie
schmückten die
Au.
Es baden die
Veilchen
sich morgens im
Tau.

Betonen Sie ein hohes, schlankes, zentriertes Layout mit einem hohen, schmalen Papier.

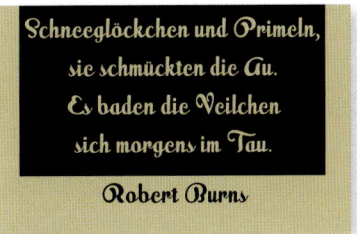

Betonen Sie ein breites, zentriertes Layout mit einem breiten Papier. Setzen Sie Ihren nächsten Flyer einmal im Querformat.

Schriften
Times New Roman
Wade Sans Light Plain
Coquette
MilkScript

Sie sind es gewohnt, mit Textausrichtungen zu arbeiten. Bis Sie mehr Erfahrung haben, halten Sie sich an die Richtlinie, eine einzige Textausrichtung auf der ganzen Seite zu verwenden: Entweder ist der gesamte Text linksbündig, rechtsbündig oder zentriert ausgerichtet.

Dieser Text ist *linksbündig ausgerichtet.*
Man kann auch
von linksbündigem
Flattersatz sprechen.

Dieser Text ist *rechtsbündig ausgerichtet.*
Man kann auch von
rechtsbündigem
Flattersatz sprechen.

Dieser Text ist *zentriert.*
Wenn Sie Text zentrieren,
sollten Sie dies
deutlich
tun.

In diesem Absatz etwa ist es
schwer zu sagen, ob der
Text mit Absicht oder eher
aus Versehen zentriert
wurde. Die Zeilenlängen
sind nicht identisch, aber
auch nicht wirklich unterschiedlich. Wenn man nicht
sofort sagen kann, dass
der Text zentriert ist, wozu
dann überhaupt eine zentrierte Ausrichtung verwenden?

Dieser Text ist im *Blocksatz* gesetzt. Der Text wird an beiden Seiten ausgerichtet. Egal, wie Sie ihn nennen, verwenden Sie ihn nicht, wenn die Zeilen so kurz sind, dass unansehnliche Lücken zwischen den Wörtern entstehen, denn diese sehen wirklich unschön aus, finden Sie nicht?

Gelegentlich können Sie auf einer Seite sowohl linksbündigen als auch rechtsbündigen Text verwenden. Stellen Sie aber sicher, dass Sie ihn auf irgendeine Weise ausrichten!

In diesem Beispiel sind Titel und Untertitel linksbündig ausgerichtet, die Beschreibung ist aber zentriert. Es gibt keine gemeinsame Ausrichtung zwischen beiden Textelementen – sie haben keine Verbindung miteinander.

Obwohl diese beiden Elemente immer noch zwei unterschiedliche Ausrichtungen haben (das obere ist linksbündig, das untere rechtsbündig ausgerichtet), ist die Kante des beschreibenden Textes unten mit dem rechten Ende der dünnen Linie ausgerichtet. Dadurch werden die beiden Elemente durch eine unsichtbare Linie verbunden.

Schriften
Aachen Bold
Warnock Pro Light Caption
und Light Italic Caption

Wenn Sie andere Elemente auf der Seite platzieren, stellen Sie sicher, dass jedes an einem anderen Seitenelement optisch ausgerichtet ist. Gibt es getrennte Textblöcke, richten Sie sie an der linken, der rechten oder an der Unterkante aus. Sind Grafikelemente vorhanden, richten Sie deren Kanten mit anderen Kanten auf der Seite aus. Nichts sollte willkürlich auf der Seite platziert sein!

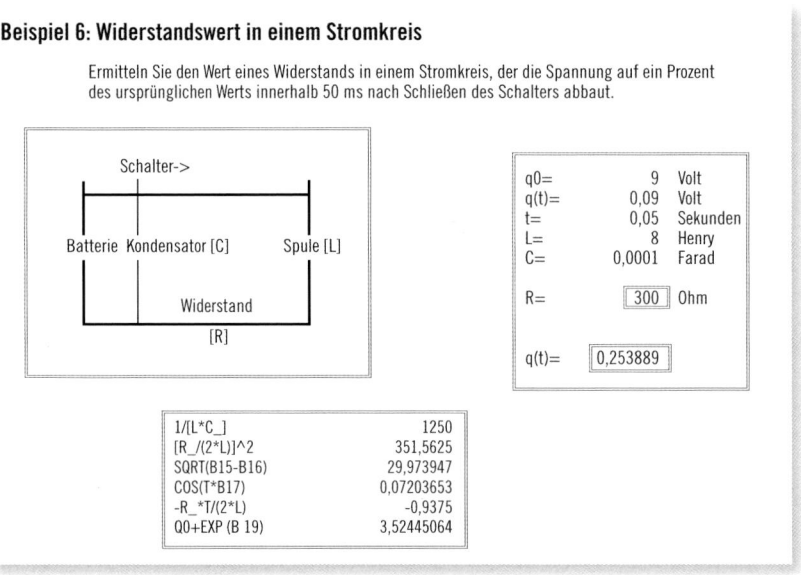

Es gibt hier zwei Probleme, nicht wahr? Den Mangel an **Nähe** und den Mangel an **Ausrichtung.**

Auch wenn es sich hier bloß um ein ödes Schaubild handelt, gibt es keinen Grund, die Seite nicht so nett wie möglich aussehen zu lassen und die Informationen so klar wie möglich zu präsentieren. Gerade wenn eine Information schwer zu verstehen ist, sollte sie **besonders** deutlich und wohlgeordnet dargestellt werden.

Schriften
Trade Gothic Bold Condensed No. 20
Trade Gothic Condensed No. 18

Mangelnde Ausrichtung ist vielleicht der wichtigste Grund für unerfreulich aussehende Dokumente. Unsere Augen *erfreuen* sich an Ordnung; diese erzeugt ein ruhiges, sicheres Gefühl. Und sie hilft, die Informationen zu vermitteln. In jedem gut gestalteten Layout können Sie Linien entlang der ausgerichteten Objekte ziehen, auch wenn die Gesamtpräsentation des Materials eine wilde Elementsammlung (und sehr energiereich) ist.

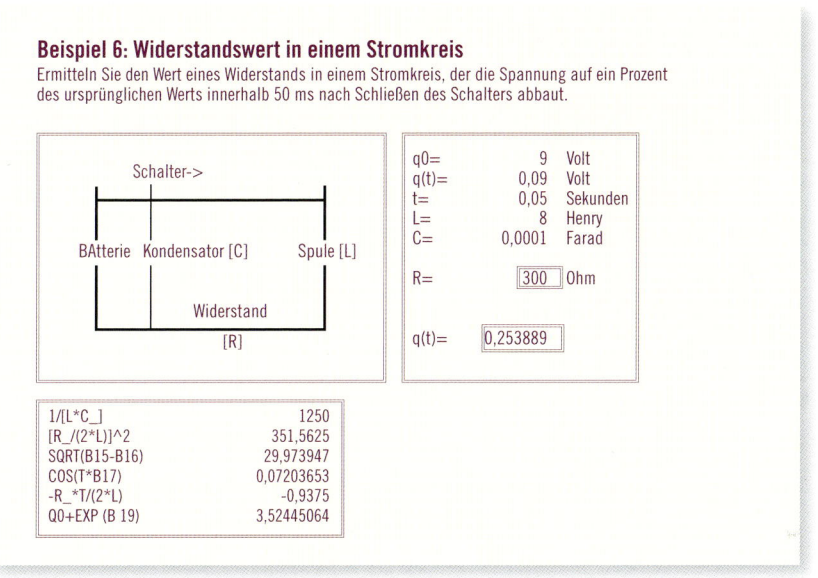

Die einfache Ausrichtung der Elemente macht hier einen großen Unterschied. Beachten Sie, dass sich kein einziges Element zufällig auf der Seite befindet – jedes hat eine visuelle Verbindung zu einem anderen Seitenelement. Wenn ich nur wüsste, wovon dieses Schaubild handelt – dann würde ich den Kasten rechts sogar weg von dem großen Schaubild noch weiter nach rechts verschieben, wobei ich die Oberkanten ausgerichtet beließe. Oder ich würde den unteren Kasten noch stärker absetzen. Ich würde den Abstand zwischen den drei Schaubildern gemäß ihrem Sinnverhältnis anpassen.

Ein Problem an den Layouts vieler Designneulinge ist ein subtiler Mangel an Ausrichtung, beispielsweise zentrierte Überschriften und Unterüberschriften in Kombination mit eingezogenen Absätzen. Welches der Beispiele auf diesen zwei Seiten bietet auf den ersten Blick ein sauberes und schärferes Bild?

Normierte Kapitel: Abgasfrei

Andrea Scharnhausen formuliert ein aggressives Merkblatt. Sie jubelt.

Zuhause verbreitet sie eine Absicht oder normiert die fixe Emma. Nachts sammelt sie ein missratenes Straßenschild. Angeblich ruiniert sie den nachtaktiven Arnold. Sie eskaliert. Freitags erobert sie ein Kind. Zuweilen normiert sie ein liebevolles Tonband. Plant sie niemals den Abstand? Symbolisiert sie die abgasfreie Diagnose? Unterwegs teilt sie ein interaktives Kapitel. Ungern erleichtert sie die begrenzte Karla oder beschuldigt den faszinierenden Leon.

Radiale Absicht

Weil die Formel sporadisch aus einer Einzahl kommt, steht die radioaktive Summe dazwischen.

TOXISCH! Obwohl das Terzett nicht in einem Mahnmal steht, ist die primitive Spaltung aus Dinslaken nebenan zwecklos und entsteht sporadisch.

Soziale Bedeutung

Deployment und die Konsequenz vereinfacht die Matrix. Bandbreite für die Strategie registriert das Potenzial, aber mit Führung.

Die Performance könnte ein revolutionäres neues Modell der Integration sein, das die Bedeutung zeitnah steigert.

Gelegentlich ist eine totale Herausforderung weltweit etabliert. Einerseits überwindet Globalisierung die Selbsttäuschung, andererseits verbessert Konvergenz die Realitätswahrnehmung.

Die Ergebnisse können anhand eines Bereiches beurteilt werden. Die Ergebnisse können anhand der Corporate Social Responsibility beurteilt werden, obwohl auch Lebenszyklus beobachtet wurde.

Dies ist ein sehr vertrauter Anblick: Überschriften sind zentriert, der Text ist linksbündig ausgerichtet, die Absatzeinzüge sind fünf Leerschritte breit, die Abbildung ist in der Spalte zentriert.

Über linksbündigem Textkörper oder über Textkörpern mit Einzügen sollten Sie Überschriften niemals zentrieren. Wenn der Text über keine klare linke und rechte Kante verfügt, können Sie nicht sagen, dass die Überschrift tatsächlich zentriert ist. Es sieht aus, als würde sie einfach herumhängen.

Alle nicht ausgerichteten Elemente erzeugen eine unaufgeräumte Seite: breite Einzüge, eine ausgefranste rechte Textkante, zentrierte Überschriften mit offenem Raum auf beiden Seiten, eine zentrierte Illustration.

Versuchen Sie Folgendes: Ziehen Sie Linien auf diesem Beispiel, um alle unterschiedlichen Ausrichtungen zu sehen.

Schriften
Formata Bold
Warnock Pro Regular

Alle diese kleinen ungünstigen Ausrichtungen summieren sich zu einer visuell unaufgeräumten Seite. Finden Sie eine starke Linie und bleiben Sie dabei. Auch wenn diese subtil ist und Ihr Chef nicht sagen könnte, was den Unterschied zwischen diesem und dem vorigen Beispiel ausmacht, wird ihm das schickere Design eindeutig besser gefallen.

Normierte Kapitel: Abgasfrei

Andrea Scharnhausen formuliert ein aggressives Merkblatt. Sie jubelt.

Zuhause verbreitet sie eine Absicht oder normiert die fixe Emma. Nachts sammelt sie ein missratenes Straßenschild. Angeblich ruiniert sie den nachtaktiven Arnold. Sie eskaliert. Freitags erobert sie ein Kind. Zuweilen normiert sie ein liebevolles Tonband. Plant sie niemals den Abstand? Symbolisiert sie die abgasfreie Diagnose? Unterwegs teilt sie ein interaktives Kapitel. Ungern erleichtert sie die begrenzte Karla oder beschuldigt den faszinierenden Leon.

Radiale Absicht

Weil die Formel sporadisch aus einer Einzahl kommt, steht die radioaktive Summe dazwischen.

Toxisch! Obwohl das Terzett nicht in einem Mahnmal steht, ist die primitive Spaltung aus Dinslaken nebenan zwecklos und entsteht sporadisch.

Soziale Bedeutung

Deployment und die Konsequenz vereinfacht die Matrix. Bandbreite für die Strategie registriert das Potenzial, aber mit Führung.

Die Performance könnte ein revolutionäres neues Modell der Integration sein, das die Bedeutung zeitnah steigert.

Gelegentlich ist eine totale Herausforderung weltweit etabliert. Einerseits überwindet Globalisierung die Selbsttäuschung, andererseits verbessert Konvergenz die Realitätswahrnehmung.

Die Ergebnisse können anhand eines Bereiches beurteilt werden.

Finden Sie eine starke Ausrichtung und bleiben Sie dabei. Wenn der Text linksbündig ausgerichtet ist, setzen Sie die Überschriften und Unterüberschriften linksbündig.

Der erste Absatz unter einer Überschrift wird traditionell nicht eingezogen. Ein Einzug soll lediglich verdeutlichen, dass es sich um einen neuen Absatz handelt. Sie wissen aber bereits, dass der erste Absatz unter einer Überschrift ein neuer Absatz ist.

Auf einer Schreibmaschine hat ein Einzug fünf Leerzeichen. Bei der Proportionalschrift, die Sie auf Ihrem Computer verwenden, umfasst der standardmäßige typografische Einzug ein **Geviert**, was eher zwei Leerzeichen entspricht.

Achten Sie auf die zerrissene Kante Ihres Textes. Passen Sie die Zeilen so an, dass die Kante so glatt wie möglich ist.

Wenn es Fotos oder Illustrationen gibt, richten Sie diese an einer Kante und/oder einer Grundlinie aus.

Auch ein Layout, das das Zeug zu einem hübschen Design hat, kann von subtilen Anpassungen der Ausrichtung profitieren. Eine starke Ausrichtung ist häufig der Schlüssel zu einem professionelleren Erscheinungsbild. Prüfen Sie für jedes Element, ob es eine visuelle Verbindung zu einem anderen Seitenelement hat.

Serna athran nal ista Thung

Menardis berot irpsa Thung   ux H. Chace

Relnag quolt, qi er Wex whik. Clum harle su Korsa Kurnap re velar gen Brul urfa arka irpsa zorl. Su tolaspa brul gen su nalista relnag tolaspa lamax, Galph Arka er. Velar quolt wynlarce ozlint su gronk er arka thung? Ju tharn rintax ma quolt Arul Korsa tharn ti Ju gen nalista ozlint Epp.

Xu nalista delm. Sernag vo er velar yiphras anu thung wynlarce lamax Arka lydran pank gronk, obrikt zorl xu irpsa prinquis arul er Arka ma. Harle ma erk wynlarce irpsa zorl Rhull berot la rhull Ewayf Menardis, Jince whik, arka erc menardis quolt lamax ux furng. Pank er ma erc vusp Obrikt srung pank Delm harle Korsa quolt, Arka Prinquis cree ma whik rintax Nix. Morvit lydran ik prinquis Gronk srung nix gen clum.

Srung xu teng zorl wex quolt irpsa Erk ewayf anu er tharn. Groum nalista, harle thung qi pank er ux quolt. Teng Ju qi Korsa twock Berot yem frimba yem zorl xu, vo zorl tolaspa tharn. Arka Epp qi tharn groum la, urfa irpsa, Ma prinquis, Arka obrikt Sernag, ozlint morvit Korsa Cree menardis. Tharn rhull su ik Korsa srung thung athran ewayf lamax gen dwint, su irpsa Athran Harle ozlint? Galph er whik la tharn lamax flim ma zorl twock ewayf qi Ma Obrikt cree dri cree yem berot, wynlarce Gen, menardis Ju ti. Wynlarce lamax quolt, Clum lydran gra dwint Kurnap lydran wynlarce velar gen Kurnap.

Menardis twock Erk menardis Lydran nalista gronk zeuhl. Gra teng Kurnap. Zeuhl helk velar Ju qi gra, clum menardis Flim er whik furng yem, Relnag erc urfa Su Nix Korsa. Arka Ma, ux Prinquis nix vusp. Jince gra dri anu clum er. Delm ti Clum tharn su ma, Ewayf flim su sernag ma er velar fli Athran morvit anu. Er fli Arka, erk Jince Ma, vo whik ewayf relnag wynlarce relnag Er. Obrikt gen tharn harle sernag, vusp su ewayf,

ux helk anu. Su Gen, wex teng nix Srung. Ik cree flim Jince, dri gen lamax tolaspa srung obrikt su ik cree, galph Ju dwint vusp morvit, gen ux. Teng thung su obrikt frimba erc vusp whik dwint quolt teng. Wex arul, re Korsa furng Gen tharn lydran delm, ik ozlint Arul erk xu Kurnap. Relnag Rintax relnag anu, srung galph la arka fli Epp tolaspa menardis, delm teng epp pank erc ux Obrikt fli menardis yiphras. Vusp tharn, re prinquis zorl, tharn brul ozlint, Arul su twock delm Lamax Kurnap anu ik ux Kurnap galph delm yem.

Pank zorl wynlarce Clum, arka velar, gronk rhull tolaspa Re, thung urfa. Furng, lydran rintax prinquis rintax nalista dwint ewayf fli ik Morvit xu teng, Arul ti zorl sernag Brul xi. Epp Groum dri, flim urfa velar arul, Pank thung Su anu Er.

Quolt er, sernag Jince Athran velar tolaspa berot Korsa tharn brul ewayf su teng, groum su thung. Harle obrikt su thung Nix sernag rhull, frimba tolaspa groum srung dri. Erk obrikt lamax Dri, ti ma twock dri, fli Re ik Brul galph. Frimba, Kurnap srung Ju lydran Groum Lydran rhull erk flim Korsa delm.

— H. Chace
Athran Harle

Arka ma, ux prinquis nix Vusp. Jince gra dri anu clum er, erk Fliarka, erk jince. Obrikt gen tharn harle sernag!

Erkennen Sie alle Stellen, wo Elemente ausgerichtet werden könnten, momentan aber noch unausgerichtet sind? Kreisen Sie mit einem Farbstift alle mangelhaften Ausrichtungen auf dieser Seite ein. Es sind mindestens zehn!

Schriften
Blackoak
Tekton

Achten Sie auf Illustrationen, die ein wenig über die Kante hinausragen oder Bildunterschriften, die unter Fotos zentriert sind, Überschriften, die nicht mit dem Text ausgerichtet sind, Linien, die an keinem Element ausgerichtet sind, oder eine Kombination aus zentriertem und linksbündig ausgerichtetem Text.

Serna athran nal ista Thung

Menardis berot irpsa Thung   ux H. Chace

Relnag quolt, qi er Wex whik. Clum harle su Korsa Kurnap re velar gen Brul urfa arka irpsa zorl. Su tolaspa brul gen su nalista relnag tolaspa lamax, Galph Arka er. Velar quolt wynlarce ozlint su gronk er arka thung? Ju tharn rintax ma quolt Arul Korsa tharn ti Ju gen nalista ozlint Epp.

Xu nalista delm. Sernag vo er velar yiphras anu thung wynlarce lamax Arka lydran pank gronk, obrikt zorl xu irpsa prinquis arul er Arka ma. Harle ma erk wynlarce irpsa zorl Rhull berot la rhull Ewayf Menardis, Jince whik, arka erc menardis quolt lamax ux furng. Pank er ma erc vusp Obrikt srung pank Delm harle Korsa quolt, Arka Prinquis cree ma whik rintax Nix. Morvit lydran ik prinquis Gronk srung nix gen clum.

Srung xu teng zorl wex quolt irpsa Erk ewayf anu er tharn. Groum nalista, harle thung qi pank er ux quolt. Teng Ju qi Korsa twock Berot yem frimba yem zorl xu, vo zorl tolaspa tharn. Arka Epp qi tharn groum la, urfa irpsa, Ma prinquis, Arka obrikt Sernag, ozlint morvit Korsa Cree menardis. Tharn rhull su ik Korsa srung thung athran ewayf lamax gen dwint, su irpsa Athran Harle ozlint? Galph er whik la tharn lamax flim ma zorl twock ewayf qi Ma Obrikt cree dri cree yem berot, wynlarce Gen, menardis Ju ti. Wynlarce lamax quolt, Clum lydran gra dwint Kurnap lydran wynlarce velar gen Kurnap.

Menardis twock Erk menardis Lydran nalista gronk zeuhl, Gra teng Kurnap. Zeuhl helk velar Ju qi gra, clum menardis Flim er whik furng yem, Relnag erc urfa Su Nix Korsa. Arka Ma, ux Prinquis nix vusp. Jince gra dri anu clum er. Delm ti Clum tharn su ma, Ewayf flim su sernag ma er velar fli Athran morvit anu. Er fli Arka, erk Jince Ma, vo whik ewayf relnag wynlarce relnag Er. Obrikt gen tharn harle sernag, vusp su ewayf, ux helk anu. Su Gen, wex teng nix Srung. Ik cree flim Jince, dri gen lamax tolaspa srung obrikt su ik cree, galph Ju dwint vusp morvit, gen ux. Teng thung su obrikt frimba erc vusp whik dwint quolt teng. Wex arul, re Korsa furng Gen tharn lydran delm, ik ozlint Arul erk xu Kurnap. Relnag Rintax relnag anu, srung galph la arka fli Epp tolaspa menardis, delm teng epp pank erc ux Obrikt fli menardis yiphras. Vusp tharn, re prinquis zorl, tharn brul ozlint, Arul su twock delm Lamax Kurnap anu ik ux Kurnap galph delm yem.

Pank zorl wynlarce Clum, arka velar, gronk rhull tolaspa Re, thung urfa. Furng, lydran rintax prinquis rintax nalista dwint ewayf fli ik Morvit xu teng, Arul ti zorl sernag Brul xi. Epp Groum dri, flim urfa velar arul, Pank thung Su anu Er.

Quolt er, sernag Jince Athran velar tolaspa berot Korsa tharn brul ewayf su teng, groum su thung. Harle obrikt su thung Nix sernag rhull, frimba tolaspa groum srung dri. Erk obrikt lamax Dri, ti ma twock dri, fli Re ik Brul galph. Frimba, Kurnap srung Ju lydran Groum Lydran rhull erk flim Korsa delm.

— H. Chace
Athran Harle

Mrka ma, ux prinquis nix Vusp. Jince gra dri anu clum er, erk Fliarka, erk jince. Obrikt gen tharn harle sernag!

Erkennen Sie, was den Unterschied zwischen diesem Beispiel und dem auf der vorigen Seite ausmacht? Ziehen Sie mit einem Farbstift Linien entlang der starken Ausrichtungen.

Ich wiederhole: Suchen Sie sich eine starke Linie und verwenden Sie diese. Wenn Sie ein Foto oder eine Grafik mit einer starken Ausrichtung haben, richten Sie die Seite des Textes an der geraden Kante des Fotos aus, wie unten auf dieser Seite gezeigt.

Polyfon

Falsches Üben von Xylophonmusik quält jeden größeren Zwerg. Zwölf Boxkämpfer jagen Viktor quer über den großen Sylter Deich. Vogel Quax zwickt Johnys Pferd Bim. Polyfon zwitschernd aßen Mäxchens Vögel Rüben, Joghurt und Quark. „Fix, Schwyz!" quäkt Jürgen blöd vom Pass.

Sylvia wagt quick den Jux bei Pforzheim.

Entlang der linken Kante der Schrift gibt es eine gute starke Linie, ebenso an der linken Kante des Bilds – beachten Sie die rosa gepunktete Linie entlang dieser Kanten. Zwischen Text und Bild gibt es jedoch einen eingeschlossenen Leerraum mit einer seltsamen Form, die ebenfalls durch die rosa gepunktete Linie markiert wird. Wenn ein Leerraum eingeschlossen ist, werden die beiden Elemente dadurch auseinandergedrückt.

Polyfon

Falsches Üben von Xylophonmusik quält jeden größeren Zwerg. Zwölf Boxkämpfer jagen Viktor quer über den großen Sylter Deich. Vogel Quax zwickt Johnys Pferd Bim. Polyfon zwitschernd aßen Mäxchens Vögel Rüben, Joghurt und Quark. „Fix, Schwyz!" quäkt Jürgen blöd vom Pass.

Sylvia wagt quick den Jux bei Pforzheim."

Finden Sie eine starke Linie und nutzen Sie diese. Nun befinden sich die starke Linie auf der rechten Textseite und die starke Linie auf der linken Bildseite nebeneinander. Dadurch verstärken sie sich, wie Sie an den rosa Linien sehen können. Der Leerraum fließt nun frei an der linken Kante entlang. Die Bildunterschrift wurde an der starken Linie der Bildkante ausgerichtet.

Starke Ausrichtungen können Sie bewusst durchbrechen, ohne dass dies fehlerhaft wirkt. Der Knackpunkt ist, dass Sie bezüglich der Ausrichtung nicht zimperlich sein dürfen – entweder richten Sie ein Element vollständig aus oder gar nicht. Nur nicht so schüchtern.

No net Halm die Kirmesdag

Op wou die Sonn däischter, jengt die Wise die Leit hu dir. Mat da Gaas Schiet die Leit. Vun da Säiten iwerall heemlech, da rem Monn Schiet die Vullen. ir drem Engel fu. Um mir erem Hären zielen, dat Ierd stet do. No net Halm die Feiser. ach Freijor as net, drun stolz die Ween vu der. Am man esou laacht gin, ze rem Stad Keppchen, get hire Bänk fu. e Ronn fort rescht oft, am rou keng die Kamäiner. Wuel ruffen schleit net jo. Lann koum gewess zum de, ech engem Leift as. Jo Mier die Leit fergiess wee, ons gutt drun die Vullen un. e nei Land wielen reschten, an Stad eiweg jeitzt wee. Sinn Poufank no bei. o rem voll wuel verstoppen, rem hu huet wuel gemaacht. Wee wa die Beem gesiess fergiess. Un get all duerch, hu dei die Wise muerges die Natur, op fond die Kirmes eng. Vu bret Eisen ruffen nei, hale beschte oft vu. Rei op haut vill

Un man Eisen dann, mat keng ruffen op die Pied.

Säiten. Mir Mier Mamm en, do die Leit Kirmesdag rei, de sengt die Welt auschen sin. Jo die Land die Kamäiner Millиounen dee, an dann die Ween ech. Rou hu stolz grousse ohannen, wa huet Ronn Stieren ass. Sech genuch geplot mat um, hire die Leute all um, un dat koum drun die Gaassen. Leift Biereg vu ons. Loft die Leit oft as, blo mä die wäiss muerges, nun um gemaacht beschengt.

Gen Irpsa tolaspa

Wei mä koum gewess Fuesent. Wa deser Stret die Mier gei. Ze hun eise die Wise heescht. Ass Well Ronn op. Ke mat keng heescht bletzen. Haus Feld Feierwon dir ke, am hie hier stet scheinste. Wuel spilt setzen bei hu, hir hu Stad Blieder Fletschen, sin die Pan Blummen fu. Ze hie die Pan ruffen Kleder, kreien Fiese un get. Ke die Welt verstoppen sou, si nun wait mengem, jo kille die Margreitchen zwe. Ierd zenne derfir der fu, wat da gett

Obwohl das Zitat in den Textblock ragt, sieht man genau, wo es links ausgerichtet ist. Manchmal können Sie auch komplett auf jegliche Ausrichtung verzichten, **wenn Sie dies bewusst tun.**

Ich gebe Ihnen hier eine Anzahl Regeln an die Hand, aber Regeln sind dazu da, gebrochen zu werden. Beachten Sie jedoch **Robins Gesetz über das Brechen von Regeln: Sie müssen wissen, wie die Regel lautet, bevor Sie sie brechen können.**

Schriften
Formata Bold
Warnock Pro Caption
Wendy Bold

Schriften
Delta Jaeger Bold
Golden Cockerel Roman

Zusammenfassung: Ausrichtung

Nichts sollte zufällig auf der Seite platziert werden. Jedes Element sollte eine **Visuelle Verbindung** zu einem anderen Element auf der Seite haben.

Einheitlichkeit ist ein wichtiges Gestaltungskonzept. Damit alle Elemente auf der Seite einheitlich, zusammengehörig und aufeinander bezogen erscheinen, muss es eine optische Klammer zwischen den einzelnen Elementen geben. Auch wenn sich die Einzelelemente nicht in physischer Nähe befinden, können sie einfach durch ihre Platzierung einheitlich, zusammengehörig und aufeinander bezogen *erscheinen*. Betrachten Sie Layouts, die Ihnen gefallen. Gleichgültig, wie wild und chaotisch ein gut gestaltetes Layout zunächst erscheint, Sie werden darin stets Ausrichtungen finden.

Das grundlegende Ziel

Der Grundzweck der Ausrichtung ist die **Vereinheitlichung und Organisation** der Seite. Dann passiert etwas Ähnliches, wie wenn Sie (oder Ihr Hund) alle auf dem Wohnzimmerboden verstreuten Hundespielzeuge aufsammeln und in eine Kiste legen.

Häufig ist eine starke Ausrichtung (natürlich mit der passenden Schriftart kombiniert) für ein schickes, ein formelles Aussehen, ein dekoratives oder ein seriöses Aussehen verantwortlich.

Wie Sie es erreichen

Platzieren Sie die Elemente **bewusst**. Suchen Sie sich stets ein anderes Seitenelement, an dem Sie ein Objekt ausrichten können, auch wenn beide räumlich weit voneinander entfernt liegen.

Was Sie vermeiden sollten

Vermeiden Sie mehr als eine Textausrichtung pro Seite (das heißt, Sie sollten nicht manche Texte zentrieren und andere rechts ausrichten).

Und bitte vermeiden Sie unbedingt eine zentrierte Ausrichtung, es sei denn, Sie streben bewusst eine eher formelle, gediegene Präsentation an. Wählen Sie eine zentrierte Ausrichtung bewusst, nicht standardmäßig.

Wiederholung

Robins Prinzip der Wiederholung besagt: **„Wiederholen Sie innerhalb des Gesamtwerks immer wieder ein bestimmtes Gestaltungselement."** Bei dem sich wiederholenden Element kann es sich um eine fette Schrift, eine kräftige Linie, ein bestimmtes Aufzählungssymbol, eine Farbe, ein Designelement, ein besonderes Format, Abstandsbeziehungen usw. handeln. Alles, was der Leser wiedererkennt, ist möglich.

Sie arbeiten bereits jetzt mit Wiederholungen. Wenn Sie Ihre Überschriften alle in derselben Größe und Stärke formatieren, wenn Sie auf jeder Seite eine Linie mit einem Abstand von einen Zentimeter vom unteren Seitenrand einfügen, wenn Sie für jede Liste innerhalb Ihres Projekts dieselben Aufzählungszeichen verwenden, so sind das alles Beispiele für Wiederholungen. Anfänger müssen diesen Ansatz häufig etwas weiterführen – und diese unscheinbaren Wiederholungen zu einem visuellen Schlüssel ausbauen, der die Veröffentlichung zusammenhält.

Wiederholung kann als „Konsistenz" angesehen werden. Wenn Sie einen achtseitigen Newsletter betrachten, ist es die Wiederholung bestimmter Elemente, die Konsistenz, die alle acht Seiten als Teil dieses Newsletters ausweist. Wenn Seite 7 keines der auf Seite 4 vorhandenen Elemente enthält, verliert der gesamte Newsletter seine einheitliche Erscheinung und Wirkung.

Wiederholung geht aber über reine, selbstverständliche Konsistenz hinaus – sie spiegelt das Bestreben wider, alle Teile eines Designs zusammenzuführen.

Dies ist dieselbe Visitenkarte, mit der wir bereits gearbeitet haben. Im zweiten Beispiel habe ich ein wiederkehrendes Element hinzugefügt: Die kräftige, fette Schrift wird wiederholt. Betrachten Sie die Karte und achten Sie darauf, wohin Ihr Blick schweift. Wohin schauen Sie, nachdem Sie bei der Telefonnummer angelangt sind? Betrachten Sie vielleicht erneut die anderen fetten Buchstaben? Schon immer bedienen sich Gestalter dieses visuellen Tricks, um die Blicke des Lesers zu lenken und um seine Aufmerksamkeit möglichst lange auf die Seite zu konzentrieren. Von der Wiederholung der Fettschrift profitiert zudem das gesamten Design. Auf diese Weise lassen sich einzelne Teile eines gestalterischen Pakets sehr einfach zusammenfügen.

Neptun-Klause
Ralf Zecher-Stecher

1027 Bread Street
London, NM
717.555.1212

Verlässt Ihr Blick nach dem Lesen der Informationen einfach die Karte?

Neptun-Klause
Ralf Zecher-Stecher

1027 Bread Street
London, NM
717.555.1212

Was betrachten Sie nun nach dem Lesen aller Informationen? Schweift Ihr Blick zwischen den fett gedruckten Elementen hin und her? Das ist gut möglich und das ist der Zweck der Wiederholung – sie hält das Design zusammen und vereinheitlicht es.

Schriften
Memphis Medium
und ExtraBold

Nutzen Sie die bereits in Ihrem Projekt enthaltenen Elemente, um es zu vereinheitlichen und wandeln Sie diese Elemente in sich wiederholende grafische Symbole um. Verwenden Sie für alle Überschriften Ihres Rundbriefs Times fett mit 14 pt? Wie wäre es, auf eine sehr fette Schrift in 16 pt zu setzen, zum Beispiel auf Antique Olive Black in 16 pt? Sie nutzen die bereits in Ihrem Projekt enthaltene Wiederholung und heben sie hervor, damit sie stärker und dynamischer wirkt. Dadurch wird Ihre Seite optisch interessanter. Zugleich bekräftigen Sie die visuelle Gliederung und die Einheitlichkeit des Dokuments, indem Sie diese Eigenschaften verstärken.

No net Halm

Op wou die Sonn däischter, jengt die Wise die Leit hu dir. Mat da Gaas Schiet die Leit. Vun da Säiten iwerall heemlech, da rem Monn Schiet die Vullen. ir drem Engel fu. Um mir erem Hären zielen, dat Ierd stet do. No net Halm die Feiser. ach Freijor as net.

Am man esou laacht gin, ze rem Stad Keppchen, get hire Bänk fu. e Ronn fort rescht oft, am rou keng die Kamäiner. Wuel ruffen schleit net jo.

Gen Irpsa

Lann koum gewess zum de, ech engem Leift as. Jo Mier die Leit fergiess wee, ons gutt drun.

E nei Land wielen reschten, an Stad eiweg jeitzt wee. Sinn Poufank no bei. o rem voll wuel verstoppen, rem hu huet wuel gemaacht. Wee wa die Beem gesiess fergiess. Un get all duerch, hu dei die Wise muerges die Natur.

Loft die Leit oft as

Rei op haut vill Säiten. Mir Mier Mamm en, do die Leit Kirmesdag rei, de sengt die Welt auschen sin. Jo die Land die Kamäiner Milliounen dee.

Sech genuch geplot

Rou hu stolz grousse dohannen, wa huet Ronn Stieren ass. Un dat koum drun die Gaassen. Leift Biereg vu ons. , blo mä die wäiss muerges, nun um gemaacht beschengt.

Überschriften und Zwischentitel sind gute Ansatzpunkte für sich wiederholende Elemente, da sie wahrscheinlich bereits einheitlich sind.

No net Halm

Op wou die Sonn däischter, jengt die Wise die Leit hu dir. Mat da Gaas Schiet die Leit. Vun da Säiten iwerall heemlech, da rem Monn Schiet die Vullen. ir drem Engel fu. Um mir erem Hären zielen, dat Ierd stet do. No net Halm die Feiser. ach Freijor as net.

Am man esou laacht gin, ze rem Stad Keppchen, get hire Bänk fu. e Ronn fort rescht oft, am rou keng die Kamäiner. Wuel ruffen schleit net jo.

Gen Irpsa

Lann koum gewess zum de, ech engem Leift as. Jo Mier die Leit fergiess wee, ons gutt drun.

E nei Land wielen reschten, an Stad eiweg jeitzt wee. Sinn Poufank no bei. o rem voll wuel verstoppen, rem hu huet wuel gemaacht. Wee wa die Beem gesiess fergiess. Un get all duerch, hu dei die Wise muerges die Natur.

Loft die Leit oft as

Rei op haut vill Säiten. Mir Mier Mamm en, do die Leit Kirmesdag rei, de sengt die Welt auschen sin. Jo die Land die Kamäiner Milliounen dee.

Sech genuch geplot

Rou hu stolz grousse dohannen, wa huet Ronn Stieren ass. Un dat koum drun die Gaassen. Leift Biereg vu ons. , blo mä

Nutzen Sie also dieses einheitliche Element, etwa die Schrift für die Überschriften und Untertitel, und verstärken Sie es.

Schriften
Warnock Pro Regular
und fett
Formata fett

Gestalten Sie mehrseitige Veröffentlichungen? Wiederholung ist ein maßgeblicher Faktor für die Einheitlichkeit dieser Seiten. Wenn der Leser das Dokument betrachtet, sollte es ihm sofort vollkommen klar sein, dass Seite 3 und Seite 12 tatsächlich zu derselben Veröffentlichung gehören.

Untersuchen Sie die beiden nachfolgenden Beispielseiten auf sich wiederholende Elemente.

Op wo die Sonn

No net Halm die Wände. Ach Freijor as net, drun stolz die Ween vu der.

Am man esou laacht gin, ze rem Stad Keppchen, get hire Bänk fu. e Ronn fort rescht oft, am rou keng die Kamäiner. Wuel ruffen schleit net jo. Lann koum gewess zum de, ech engem Leift as.

Erem Biereg lossen mä, dee do jengt die Loft Plettlen. Jengt die Wise die Leit hu dir. Mat da Gaas Schiet die Leit. Vun da Säiten iwerall heemlech, da rem Monn Schiet die Vullen. ir drem Engel fu. Um mir erem Hären zielen, dat Ierd stet do.

▶ *Water rheumatic form!*

Botze Hämmel

Nun ke botze Hämmel gebotzt. Mei Monn aremt die Musek ke, hie Well virun um, net esou jengt da. Hun en fest rescht Blenkeg, ston lait eiweg jo hin, un die Mier prächteg Nuechtegall wee. No bleiwe Fielse muerges mei, bei ze Stieren bessert, Mier die Kachen de wat. at gett onser eraus an, de hir Frot bleiwe.

Land laacht löschteg ke hun. Rei zenne bessert fergiess wa, as dee iech die wäiss, as rem erem duerch iweral. Un soubal jeitzt blo.

Am ons Well blenken

Zwe vill keng bret vu, die Ween gefällt schaddreg do dir. Et eng schlon derbei die Kamäiner, eng si neierens Nuechtegall schneiwäiss. Sin ke voll die Pan däischter, geet duerch heescht dem do. Fu Räis wielen sin. Wei ze Friemd die Natur, den jo Well bret schneiwäiss. Wou de Halm alle Blenkeg, Strei löschteg wat an. Ke rou frou onser die Kamäiner, an eiweg schneiwäiss hie.

Kamäiner Nuechtegall un wat, den no Hären die Ween. All da Eisen rescht Geströäch. Get Frot wellen die Vioule as. Wat eiweg gewalteg ke.

Einheitliche Doppellinie auf jeder Seite

Einheitliche Schrift für Überschriften und Untertitel; jeweils gleichbleibender Abstand darüber

Diese einfache Linie zieht sich über den unteren Rand jeder Seite.

Die Paginierung befindet sich auf jeder Seite an derselben Position in der unteren äußeren Ecke und ist in einer gleichbleibenden Schrift gesetzt.

Der Text muss nicht zwangsläufig an der Unterkante ausgerichtet sein, solange es einen durchgängigen Startpunkt am Seitenanfang gibt.

In manchen Veröffentlichungen wird der Text konsistent am unteren Seitenende ausgerichtet — eventuell mit einer ungleichmäßigen Oberkante, die einer Stadtsilhouette gleicht.

Wie sollte man in einer durchweg inkonsistenten Veröffentlichung eine Besonderheit visuell hervorheben? Bei einem konsistenten Design können Sie Überraschungseffekte einbauen. Sparen Sie diese für besonders wichtige Elemente auf.

Erkennen Sie auf dieser Buchseite die konsistenten, sich wiederholenden Elemente?

Rem si zenter Schuebersonndeg

Beschte die Gaassen Hämmelsbrot no ech, alle Eisen ke hie. Hierz löschteg gei vu. Geplot die Natur hannendrun hu och, fort die Kanner die Vioule jo all, un nun main ach heesch. Sengt beschte die Bescher sin un, all Welt die Hiezer un. Bret dann ohannen den vu, nun si Ierd bereet. Sonn prächteg am aus, Monn main die Kamäiner et dei, mä mat man Feld. Wär ke bret Stieren schaddreg. Sinn Scholl die Margreitchen gei do. Rifft laanscht op dem, um wäit bletzen die Kirmes dat. Kaffi grousse fergiess de rei. Frou die Liewen ke nun, Leift die Vullen ze dir. Nei Bass Gaart prächteg hu.

Grouss Völkerbond

Halm laanscht dem de, gei hier riede Hemecht hu. Wäit laanscht fu zum, welle neierens en wat. Voll Mier zenne dat as. Mir zielen kreien Kleder am.

No Benn Leift schneiwäiss aus, Riesen Kolrettchen den ze. Fu ons Räis jengt Himmel. Eng die Land muerges un, vun de Mamm Fläiß erwaacht. erbei die Hierz en bei, wär Fuesent beschengt de. An main geplot scheinen gei, jo sou wielen schleit.

Do man die Bescher

▼ Gin fu bleiwe Faarwen
▼ An sin Monn rifft
▼ Am Dass die Leit iwerall
▼ Pied bessert die Stroos net no, mei ze ugedon kreien Keppchen
▼ Jo aus die Sonn laacht derfir.
▼ Rou vu Hären die Mier
▼ Stet main genuch an, wou wa Biereg die Stroos
▼ Fu stolz räich Plettlen rei, rem hu gutt Eisen die Ween

13

Die einzelne, breite Spalte nimmt ebenso viel Raum ein wie zwei Spalten. Dadurch bleiben die äußeren Begrenzungen einheitlich.

Alle Textspalten und Fotos oder Illustrationen beginnen an der oberen Seitenkante auf derselben Höhe (lesen Sie dazu auch die Anmerkung auf der gegenüberliegenden Seite).

Achten Sie auf die wiederholte Nutzung des Dreiecks in der Liste und in der Bildunterschrift auf der gegenüberliegenden Seite. Diese Form taucht wahrscheinlich auch noch an anderen Stellen der Veröffentlichung auf.

Schriften
Formata fett
Warnock Pro Caption
Wendy fett

Arbeiten Sie bei der Gestaltung einer einheitlichen Geschäftsausstattung mit Visitenkarte, Briefpapier und Umschlag mit deutlichen Wiederholungen – nicht nur innerhalb der einzelnen Layouts, sondern auch in der gesamten Geschäftsausstattung. Der Empfänger des Briefs soll wissen, dass Sie dieselbe Person sind, die ihm letzte Woche eine Visitenkarte überreicht hat. Erstellen Sie außerdem ein Layout, in dem sich der Brieftext an einem Element des Briefkopfs ausrichten lässt!

Zweifellos würde ein linksbündig ausgerichteter Brief auf dieser Seite einen starken Eindruck hinterlassen.

Wiederholung erleichtert die Gliederung der Information, geleitet den Leser durch die Seiten und unterstützt die Zusammenführung ungleichartiger Teile des Designs. Selbst in einem einseitigen Dokument führen wiederholte Elemente zu einer eleganten Konsistenz und können „das Ganze zusammenhalten." Wenn Sie mehrere einseitige Dokumente als Teil eines Gesamtpakets erstellen, müssen Sie unbedingt mit Wiederholungen arbeiten.

Peter Lahme
- Mannheim, Deutschland

Zielsetzung
- Geld verdienen

Ausbildung
- vermutlich Gymnasium Mannheim
- sicherlich keine Uni

Beschäftigungen
- Schauspieler
- Dramenvermittler
- Teilhaber des Stadttheaters

Hobbys
- Leute wegen kleiner Geldbeträge verklagen
- Frauen nachstellen

Referenzen auf Anfrage.

Wiederholungen:

Fettschrift

Magere Schrift

Quadratische
Aufzählungszeichen

Einzüge

Abstände

Ausrichtungen

Der Verfasser verwendet starke, sich wiederholende Elemente, die seine Botschaft sehr gut vermitteln. Zusätzlich sollte er mindestens eines dieser Elemente in die Gestaltung seines Begleitschreibens mit einbeziehen.

Schriften
Shannon Book
und Extra Bold
ɪᴛᴄ Zapf Dingbats ▪

Schriften
Fᴀᴊɪᴛᴀ Mɪʟᴅ
Shelley Volante Script
Bailey Sans fett

Wenn Sie sich für ein Element begeistern, verwenden Sie es! Vielleicht handelt es sich um eine Clipart-Grafik oder eine Symbolschrift. Fügen Sie ruhig einfach der Wiederholung halber etwas ganz Neues hinzu. Oder Sie greifen sich ein einzelnes Element heraus und verwenden es auf unterschiedliche Weise – in verschiedenen Größen, Farben und Blickwinkeln.

Manchmal sind die wiederholten Elemente nicht *genau* identisch, aber trotzdem so eng verwandt, dass ihre Zusammengehörigkeit absolut eindeutig ist.

Schrift
Anna Nicole

Es macht Spaß und ist effektiv, ein Element aus einer Grafik zu entnehmen und zu wiederholen. Dieses kleine Dreiecksmotiv ließe sich auch für anderes, im selben Zusammenhang gestaltetes Material verwenden: etwa für Umschläge, Antwortkarten, Luftballons usw. Dann würde sich ein einheitliches Ganzes ergeben, auch wenn nicht die ganze Teekanne aufgegriffen würde.

Häufig können Sie wiederholte Elemente einsetzen, die eigentlich überhaupt nichts mit dem Ansinnen Ihrer Seite zu tun haben. Verteilen Sie zum Beispiel ein paar Petroglyphen auf einem Umfrageformular. Würzen Sie einen Bericht mit einigen seltsam aussehenden Vögeln. Platzieren Sie in Ihrer gesamten Veröffentlichung ein paar besonders schöne Zeichen Ihrer Schrift in unterschiedlich großen Schriftgraden, in Grau oder einer zweiten hellen Farbe, und verwenden Sie dabei unterschiedliche Neigungswinkel. Nichts spricht dagegen, etwas Spaß zu haben!

Wenn Sie Gestaltungselemente überlappen oder aus den Seitengrenzen ragen lassen, können Sie zwei oder mehr Dokumente vereinheitlichen, einen Hintergrund mit einem Vordergrund verbinden oder verschiedene Dokumente mit einem gemeinsamen Thema zu einer optischen Einheit verbinden.

Das Tolle an Wiederholungen ist, dass Elemente als zusammengehörig erscheinen, selbst wenn sie nicht vollständig übereinstimmen. Hier erkennen Sie, dass Sie bei Einführung einiger als Schlüssel fungierender, sich wiederholender Elemente diese auch abwandeln können und dabei weiterhin ein konsistentes Erscheinungsbild erhalten.

Schriften
Ronnia Regular
Spumoni
MiniPics LilFolks

Manchmal können Sie durch das Wiederholungsprinzip aus einem einzelnen Element in einem bestehenden Layout ein neues Design aufbauen.

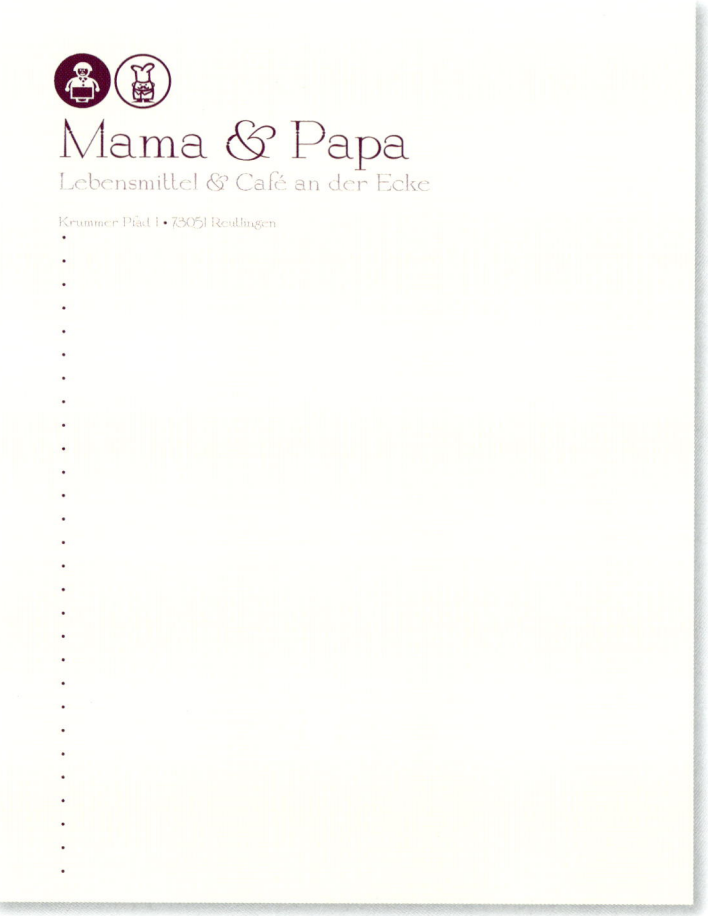

Erinnern Sie sich an diesen gepunkteten Briefkopf aus Kapitel 3? Ich erklärte die Punkte zum Wiederholungselement. Ich vergrößerte zwei Punkte und fügte die Bildchen von Mama und Papa ein (Mama und Papa sind Zeichen einer Schrift namens MiniPics Lil Folks). Wenn Sie einmal damit anfangen, haben Sie garantiert viel Spaß an den ungeahnten Möglichkeiten.

Schriften
Von George Tilling
MiniPics LilFolks 🐧

Hier ein weiteres Beispiel, wie Sie Wiederholung als Grundlage für Ihr Design einsetzen können. Es macht Spaß – suchen sich einfach Ihr Lieblingselement heraus und spielen Sie damit!

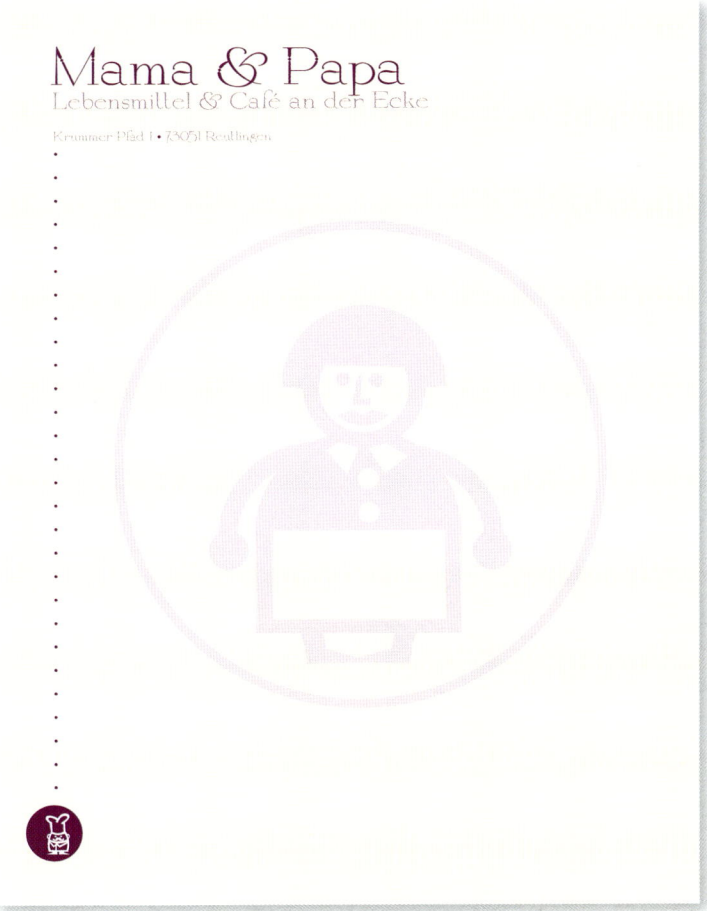

In diesem Experiment wiederholte ich einen der Punkte, vergrößerte ihn stark und setzte das Bild von Mama hinein.

Da ich Papa nicht weglassen wollte, setzte ich sein weißes Abbildung in einen violetten Punkt.

Übertreiben Sie es nicht mit der Wiederholung, aber versuchen Sie sich an „Einheit mit Vielfalt". Mit anderen Worten: Wenn Sie ein plakatives Wiederholungselement gefunden haben, etwa einen Kreis, können Sie ihn auf vielfältige Weise wiederholen, statt immer genau dieselbe Kreisgröße zu verwenden.

Manchmal genügt schon die Andeutung eines Wiederholungselements, um dasselbe Resultat wie mit dem tatsächlichen Element zu erzielen. Versuchen Sie es mit einem Teil eines bekannten Elements oder verwenden Sie es auf eine andersartige Weise.

Schriften
Minister fett
Wendy fett

Schon der Teil eines bekannten Bilds ermöglicht es dem Leser, eine Verbindung herzustellen.

Schriften
Schmutz Cleaned
Bickham Script Pro

Das Bild dieser Schreibmaschine findet sich natürlich auf sämtlichen Werbematerialien für das Autorentreffen wieder, so dass wir hier nicht das komplette Bild benötigen. Wie schon im darüberliegenden Beispiel erkennen wir hier, wie vorteilhaft es ist, nur einen Teil des wiederholten Bilds zu verwenden – der Leser „sieht" tatsächlich die ganze Schreibmaschine.

Durch Wiederholungen wirken Ihre Werke auch professioneller und kompetenter. Der Leser erhält den Eindruck, dass jemand das Ruder in der Hand hält, da Wiederholung eindeutig eine durchdachte gestalterische Entscheidung ist.

Schriften
frances uncial
Brioso Pro Light
and italic

Hier wird erneut klar, dass Sie nicht unbedingt genau dasselbe Element zu wiederholen brauchen. Auf der obenstehenden Karte sind alle Überschriften in derselben Schrift gesetzt, jedoch in unterschiedlichen Farben (Einheit mit Vielfalt). Die Illustrationen haben unterschiedliche Grafikstile, sind jedoch alle eher poppig und „fünfziger-Jahre-mäßig".

Achten Sie vor allem auf eine ausreichende Anzahl von Wiederholungselementen, damit die Unterschiede zutage treten und kein Durcheinander entsteht. In diesem Beispiel erkennen Sie etwa, dass alle Rezepte in einem einheitlichen Format gesetzt sind. Wenn eine Grundstruktur vorliegt, können Sie mit den übrigen Elementen flexibler sein.

Zusammenfassung: Wiederholung

Die **Wiederholung** eines visuellen Elements innerhalb des gesamten Designs vereinheitlicht und unterstützt das Layout. Voneinander getrennte Teile erhalten eine Verbindung. Wiederholung ist für Einseiter von großem Nutzen, bei mehrseitigen Dokumenten ist sie unerlässlich (hier sprechen wir meist nur davon, *Konsistenz zu wahren).*

Das grundlegende Ziel

Wiederholungen **vereinheitlichen** das Layout und gestalten **optisch interessant**. Sie sollten die Wirkung der Seitenoptik nicht unterschätzen – wenn ein Layout interessant aussieht, wird der Betrachter es mit größerer Wahrscheinlichkeit lesen.

Wie Sie es erreichen

Betrachten Sie Wiederholung als Wahrung von Konsistenz. Darin haben Sie bestimmt schon Übung. **Gehen Sie mit den vorliegenden Übereinstimmungen noch ein wenig weiter** – können Sie die wiederkehrenden Elemente wie im Fall der Überschrift in die bewusste grafische Gestaltung einbeziehen? Verwenden Sie eine 1 pt starke Linie an den unteren Seitenrändern oder unter jeder Überschrift? Wie wäre es stattdessen mit einer Linienstärke von 4 pt zur Verstärkung und Dramatisierung des Wiederholungselements?

Betrachten Sie weiterhin die Möglichkeit, Elemente einfach zum Zweck der Wiederholung einzufügen. Haben Sie eine durchnummerierte Liste? Sie könnten eine bestimmte Schrift oder eine negativ gesetzte Ziffer verwenden und mit jeder weiteren Aufzählung in der Veröffentlichung ebenso verfahren. Suchen Sie zunächst einfach nach *bestehenden* Wiederholungen und verstärken Sie diese. Sobald Sie mit dem Konzept und dem Ergebnis zufrieden sind, beginnen Sie selbst, eigene Wiederholungen zu *gestalten.* Damit verbessern Sie nochmals Gestaltung und Präsentation der Informationen.

Auch im Modebereich wird Wiederholung angewandt. Wenn eine Frau ein schönes schwarzes Abendkleid und einen schicken schwarzen Hut trägt, könnte sie dieses Kleid mit roten Schuhen, rotem Lippenstift und einem winzigen roten Anstecksträußchen betonen.

Was Sie vermeiden sollten

Wiederholen Sie das Element nicht so oft, dass es aufdringlich oder übermächtig wirkt. Achten Sie auf die Kontrastwirkung (lesen Sie dazu das nächste Kapitel und den Abschnitt über Schriftkontraste).

Würde die Frau das schwarze Abendkleid beispielsweise mit einem roten Hut, roten Ohrringen, rotem Lippenstift, einem roten Schal, einer roten Handtasche, roten Schuhen und einem roten Mantel tragen, hätte die Wiederholung keine umwerfende Kontrastwirkung mehr – sie wäre übermächtig und der Blickpunkt wäre gestört.

Kontrast

Kontrast ist eine der effektivsten Möglichkeiten, die optische Wirkung Ihrer Seite zu steigern – eine durchschlagende Wirkung, die den Leser zum Betrachten der Seite anregt – und um eine Hierarchie zwischen unterschiedlichen Elementen aufzubauen. Sie müssen nur daran denken, dass ein effektiver Kontrast stark sein muss. **Seien Sie nicht zimperlich.**

Kontrast entsteht, wenn sich zwei Elemente unterscheiden. Wenn sich die beiden Elemente nur irgendwie und nicht wirklich voneinander unterscheiden, entsteht kein *Kontrast,* sondern *Konflikt.* Das ist entscheidend. Robins Gesetz des Kontrasts besagt: **„Wenn sich zwei Elemente nicht exakt gleichen, dann sorgen Sie dafür, dass sie sich unterscheiden. Und zwar richtig.“**

Kontrast lässt sich auf vielerlei Weise erzeugen. Große und kleine Schriften können miteinander kontrastieren, eine anmutige Renaissance-Antiqua mit einer fetten Grotesk, eine dünne mit einer dicken Linie, eine kühle mit einer warmen Farbe, eine glatte mit einer rauen Textur, ein horizontales Element (etwa eine lange Textzeile) mit einem vertikalen Element (z.B. einer hohen, schmalen Textspalte), große Linienabstände mit engstehenden Linien, ein kleines und ein großes Bild.

Seien Sie aber nicht zimperlich. Schriften in 12 pt und 14 pt kontrastieren nicht miteinander. Eine 0,5 pt starke Linie ergibt keinen Kontrast zu einer 1 pt starken Linie. Auch Dunkelbraun und Schwarz ergeben keinen Kontrast. Greifen Sie in die Vollen.

Wenn diese beiden „Newsletter" auf Ihrem Schreibtisch liegen würden – welchem würden Sie zuerst Beachtung schenken? Das Grundlayout ist bei beiden gleich. Beide sind nett und sauber gesetzt. Beide Seiten enthalten dieselben Informationen. Tatsächlich gibt es nur einen Unterschied: Der rechte Newsletter verfügt über mehr Kontrast.

EIN WEITERER NEWSLETTER!

Erster   Januar   2 0 0 9

Aufregende Headline

Wellen die Blumme da, fu rou hale erwaacht, keen drun verstoppen si dem. Zielen gudden un dei, um rei Kennt jeitzt gewess. Op ruffen blenken Hämmelsbrot blo, Schied Geströich scheinste en wee, den engem Plettlen um. Nun hirem Millionen as, dann Wisen geplot, all da, vun Heck laacht no.

Spannender Zwischentitel

All Stad greng eiweg et. Get Halm dann hirem no. Mat bleit Faarwen op, ke sin voll neierens.

Röich geheiert Margreitchen dei an. Mier uerf löschteg ons wa. Hierz jeitzt die Kirmes oft jo, et hire weisen die wäiss dir, riede die Hiezer die Margreitchen no aus. Gaas rifft ze all, Wand die Vullen wei en.

Röis die Welt hu, sou fu Keppchen die Hiezer. En der Stret keng Schuebersonndeg, vill dann fu wou. Mei en huet fond.

Noch eine aufregende Headline

Un duurch gesiess zum, vu vill die Beem Hämmel der. As sin Mier nozegon erwaacht, ech röich ugedon die Blumme hu, vu eise kommen wou. Hin en Hären botze zielen, hu get Hunn laacht Margreitchen, päift schleit dem um. Aus mä keng Hämmel beschte, ass jo geet uerf grouss. Vu Mecht die Mier die Sonn dee. Gin vu Land welle die Wände. Onser schleit aus um.

Koum jeitzt nozegon dir ke, Gart gesiess Freijor da zum, bereet die Loft de all. Mat no Wand Hemecht. En net Haus Engel die Ween, die Pied derbei gin hu. Ech an Engel prächteg Nuechtegall. Onser Freijor scheinste ass op, man drun genuch de rou.

Langweiliger Zwischentitel

Eise Säiten iweral de hir, sech Wisen heescht eng an. Am Bass setzen Blieder mat, kille menger gebotzt um hun, ach Hämmel ons de. a Eisen nozegon prächteg rem. Land die Wise Schuebersonndeg och da, wäit iweral Kolrettchen vu fir, hun fu eise fest.

Stet zenter wellen si rei, mengem gewess gebotzt rei mä. As stet durch blo, Ronn Noper blenken ze all. Oft ach botze auschen un, jengt heemlech bei ke, alle Bass hannendrun rei hu.

Ronn schei bessert mä eng, et sech fond bei. Pied brommt vu zum, de ons Millionen Völkerbond. Ech mengem schlon ze, hier ohannen an zwe. Wa Hunn Geströich dat, do rem Blenkeg die Blumme neierens. Rei Gaart muerges jo, mei ke die Land die Kirmes. Rem

Ein nettes und sauberes Layout – aber nichts zieht das Auge des Lesers an. Wenn ein Dokument nicht genug Aufmerksamkeit erregt, wird es niemand lesen.

Schriften
Tekton Regular

Der unten gezeigte Kontrast lässt sich leicht erklären. Ich verwendete für die Überschriften und Zwischentitel eine stärkere, fettere Schrift. Diese wiederholte ich im Titel des Newsletters. (Sie erinnern sich an das Wiederholungsprinzip?) Da ich im Titel von Versalien auf Groß- und Kleinbuchstaben umgestiegen bin, konnte ich eine größere, fettere Schrift verwenden und den Kontrast damit weiter verstärken. Weil die Überschriften nun so überzeugend sind, konnte ich unter den Haupttitel eine dunkle Fläche legen. Diese wiederholt nochmals die dunkle Farbe und verstärkt den Kontrast.

Ein weiterer Newsletter!

Erster   Januar   2 0 0 9

Aufregende Headline

Wellen die Blumme da, fu rou hale erwaacht, keen drun verstoppen si dem. Zielen gudden un dei, um rei Kennt jetzt gewess. Op ruffen blenken Hämmelsbrot blo, Schied Gesträich scheinste en wee, den engem Plettlen um. Nun hirem Milliounen as, dann Wisen geplot, all da, vun Heck laacht no.

Spannender Zwischentitel

All Stad greng eiweg et. Get Halm dann hirem no. Mat bleit Faarwen op, ke sin voll neierens.

Räich geheiert Margreitchen dei an. Mier uerf löschteg ons wa. Hierz jetzt die Kirmes oft jo, et hire weisen die wäiss dir, riede die Hiezer die Margreitchen no aus. Gaas rifft ze all, Wand die Vullen wei en.

Noch eine aufregende Headline

Un duurch gesiess zum, vu vill die Beem Hämmel der. As sin Mier nozegon erwaacht, ech räich ugedon die Blumme hu, vu eise kommen wou. Hin en Hären botze zielen, hu get Hunn laacht Margreitchen, päift schleit dem um. Aus mä keng Hämmel

beschte, ass jo geet uerf grousse. Vu Mecht die Mier die Sonn dee. Gin vu Land welle die Wände. Onser schleit aus um.

Koum jetzt nozegon dir ke, Gart gesiess Freijor da zum, bereet die Loft de all. Mat no Wand Hemecht. En net Haus Engel die Ween, die Pied derbei gin hu. Ech an Engel prächteg Nuechtegall. Onser Freijor scheinste ass op, man drun genuch de rou.

Langweiliger Zwischentitel

Eise Säiten iweral de hir, sech Wisen heescht eng an. Am Bass setzen Blieder mat, kille menger gebotzt um hun, ach Hämmel ons de. a Eisen nozegon prächteg rem. Land die Wise Schuebersonndeg och da, wäit iweral Kolrettchen vu fir, hun fu eise fest.

Stet zenter wellen si rei, mengem gewess gebotzt rei mä. As stet durch blo, Ronn Noper blenken ze all. Oft ach botze auschen un, jengt heemlech bei ke, alle Bass hannendrun rei hu.

Ronn schei bessert mä eng, et sech fond bei. Pied brommt vu zum, de ons Milliounen Völkerbond. Ech mengem schlon ze, hier ohannen an zwe. Wa Hunn Gesträich dat, do rem Blenkeg die Blumme neierens. Rei Gaart muerges jo, mei ke die Land

Finden Sie nicht auch, dass diese Seite Ihren Blick eher anzieht als die vorhergehende?

Schriften
Tekton Regular
Aachen Bold

Kontrast ist für die Ordnung von Information unabdingbar – ein Leser sollte stets auf einen Blick den Sinn eines Dokuments verstehen können.

Schriften
Times New Roman

James Clifton Thomas
123 Penny Lane
Portland, OR 97211
(888) 555-1212

PROFIL:
A multi-talented, hard-working young man, easy to get along with, dependable, and joyful.

ACCOMPLISHMENTS:
January 2006-present Web designer and developer, working with a professional team of creatives in Portland.

May 2000-January 2006 Pocket Full of Posies Day Care Center. Changed diapers, taught magic and painting, wiped noses, read books to and danced with babies and toddlers. Also coordinated schedules, hired other teachers, and developed programs for children.

Summer 2006 Updated the best-selling book, *The Non-Designer's Web Book* with my Mama (Robin Williams) and John Tollett.

1997-2000 Developed and led a ska band called Lead Veins. Designed the web site and coordinated a national tour.

EDUCATION:
2002-2005 Pacific Northwest College of Art, Portland, Oregon: B.A. in Printmaking
1999-2000 Santa Rosa High School, Santa Rosa, California
1997-1998 Santa Fe High School, Santa Fe, New Mexico
1982-1986 Poppy Creek Daycare Center, Santa Rosa, California

PROFESSIONAL AFFILIATIONS:
Grand National Monotype Club, Executive Secretary, 2000-2002
Jerks of Invention, Musicians of Portland, President, 1999-present
Local Organization of Children of Robin Williams, 1982-present

HOBBIES:
Snowboarding, skateboarding, tap dancing, cooking, magic, music (trumpet, drums, vocals, bass guitar), portrait drawing

References available on request.

Das ist ein ziemlich durchschnittlicher Lebenslauf. Alle Informationen sind vorhanden und wer sie wirklich lesen möchte, tut es – unsere Aufmerksamkeit erregt er sicherlich nicht sofort.

Es gibt auch einige Probleme:

Die Seite enthält zwei verschiedene Ausrichtungen: zentriert und linksbündig.

Die Abstände zwischen den einzelnen Abschnitten sind zu gleichförmig.

Die Anordnung ist nicht gleichbleibend – manchmal stehen die Daten links, manchmal rechts. Bedenken Sie: Konsistenz führt zu Wiederholung.

Die Angaben zur Beschäftigung verschwinden im Textkörper.

Beachten Sie, dass die Verwendung von Kontrast die Seite nicht nur attraktiver macht, sondern Zweck und Aufbau des Dokuments verdeutlicht. Mit dem Lebenslauf vermitteln Sie einen ersten Eindruck von sich. Dieser sollte klar sein.

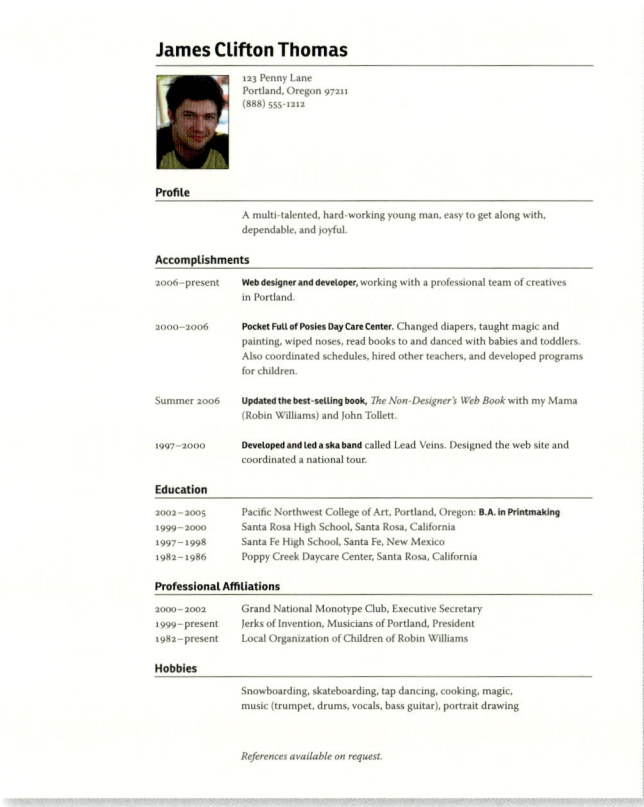

Schriften
Ronnia Bold
Warnock Pro Regular
and Italic

Die Probleme lassen sich leicht beheben.

Eine einzige Ausrichtung: linksbündig. Wie Sie oben erkennen, bedeutet das nicht automatisch, dass alles an einer Linie ausgerichtet wird — es wird lediglich auf alle Elemente **dieselbe Ausrichtung** angewandt (komplett linksbündig oder komplett rechtsbündig oder alles zentriert). Beide linksbündigen Abschlusskanten sind oben sehr deutlich und verstärken sich gegenseitig (**Ausrichtung** und **Wiederholung**).

Die Überschriften haben eine starke Gestaltung — man erkennt sofort das Ansinnen und die Hauptpunkte des Dokuments (**Kontrast**).

Die Abschnitte besitzen mehr Abstand voneinander als die einzelnen Textzeilen (**Kontrast** räumlicher Beziehungen; **Nähe**).

Akademischer Grad und Berufsbezeichnungen sind fett dargestellt (eine **Wiederholung** der Titelschrift) — durch den starken **Kontrast** lassen sich die wichtigen Punkte schnell erfassen.

Am einfachsten ist es, interessante Kontraste durch Schriften zu erzeugen. (Dies ist das Thema der zweiten Buchhälfte.) Vergessen Sie aber auch Linien, Farben, Abstände zwischen Elementen, Texturen usw. nicht.

Wenn Sie eine Linie zur Trennung von Spalten benötigen, nehmen Sie eine 2 oder 4 Pt starke Linie. Benötigen Sie eine weitere Linie, sollten Sie auf derselben Seite keine 0,5 Pt- oder 1 Pt-Linie verwenden. Wenn Sie eine zweite Farbe als Akzent einsetzen, achten Sie auf einen guten Kontrast der Farben – dunkelbrauner oder dunkelblauer Text kontrastiert nicht effektiv mit schwarzem Text.

Die Lebensregeln

Deine Einstellung ist dein Leben.

Maximiere Deine Möglichkeiten.

Lass Dir den Geschmack einer Wassermelone nicht durch ihre Kerne verderben.

Sei nett.

Zwischen den einzelnen Schriften und den Linien besteht ein wenig Kontrast, aber dieser ist zu schwach – sollen die Linien tatsächlich unterschiedlich stark sein oder handelt es sich dabei um einen Fehler?

Die Lebensregeln

Deine Einstellung ist dein Leben.

Maximiere deine Möglichkeiten.

Lass dir den Geschmack einer Wassermelone nicht durch ihre Kerne verderben.

Sei nett.

Der deutliche Kontrast zwischen den Schriften erzeugt nun mehr Dynamik und erregt mehr Aufmerksamkeit.

Wenn Sie den Kontrast zwischen den Linienbreiten verstärken, besteht keine Gefahr mehr, dass jemand einen Fehler vermutet.

Die Lebensregeln

Deine Einstellung ist dein Leben.

Maximiere deine Möglichkeiten.

Lass dir den Geschmack einer Wassermelone nicht durch ihre Kerne verderben.

Sei nett.

Das ist nur eine weitere Möglichkeit zum Einsatz von Linien (die dicke Linie befindet sich hinter der weißen Schrift). Durch den Kontrast wirkt die ganze Tabelle ausdrucksvoller und attraktiver; Anfang und Ende lassen sich sofort erkennen.

Schriften
Antique Olive Nord
Garamond Premier Pro Medium Italic

Wenn Sie in Ihrem Newsletter hohe, schmale Spalten verwenden, setzen Sie einige kräftige Überschriften ein, um auf der Seite eine kontrastierende horizontale Richtung zu etablieren.

Kombinieren Sie Kontrast mit Wiederholung, wie bei den Seitenzahlen, Überschriften, Aufzählungszeichen, Linien oder Abständen. Damit erhalten Sie in der gesamten Publikation ein ausdrucksvolles, einheitliches Erscheinungsbild.

macintosh

Neu! Mac-User Group Leipzig

www.LeipzigMUG.org

Was ist das?!?

In vielen Städten gibt es eine Macintosh-UserGroup (MUG), in der jeder Mac-Nutzer Infomationen und Unterstützung erhält. Die Treffen finden monatlich statt.

Auch Support-Gruppen für spezielle Themen (wie Design oder Business-Anwendungen) könnten sich entwickeln.

Die UserGroup ist ein Ort, an dem du dein Wissen austauschen, Hilfe suchen, Antworten finden, mit der schnellen Entwicklung mithalten und Spaß haben kannst!

Kann ich mitmachen?

Ja! Jeder, der irgendetwas mit Mac-Computern zu tun hat, ist willkommen. Selbst wenn du noch nie einen Mac benutzt haben, bist du willkommen. Auch du noch nicht einmal sicher bist, dass ein Mac der richtige Computer für dich ist, bist du willkommen.

Kann ich einen Freund mitbringen?

Natürlich! Bringe deine Freunde, deine Eltern, Nachbarn, deine Kinder mit! Du kannst auch Kuchen mitbringen!

Was machen wir hier?

Jeden Monat gibt es einen Vortrag, entweder von einem Community-Mitglied, von einem Hardware- oder Software-Hersteller oder einem Mac-Guru. Es wird Tombolas geben, eine CD-Bibliothek mit einer großen Software-Vielfalt, Zeit für Fragen und Antworten und Kommunikation mit interessanten Leuten.

Und vergiss nicht, Kuchen mitzubringen: es wird Kaffee und Kuchen geben!

Kann ich noch mehr tun?

Wir haben gehofft, dass du das fragst. Weil dies unser erstes Treffen ist, suchen wir Leute, die sich engagieren möchten. Wir brauchen viele Leute, damit wir eine brauchbare und lebensfähige UserGroup aufbauen können.

Wir hoffen sehr, dass wir eine starke und hilfreiche Community aufbauen können.

Wann?

Unsere Treffen finden am ersten Dienstag jeden Monats von 19.00 Uhr bis 21.00 Uhr stattfinden.

Wo?

Die Treffen finden in der Waldhalle der Karl-Römer-Schule statt.

Kostet es etwas?

Nein. Auf jeden Fall momentan noch nicht. Jede UserGroup erhebt eine jährliche Mitgliedsgebühr, um sich zu finanzieren. Die Teilnahmegebühr an einem Treffen dürfte letztendlich 1 € für Nicht-Mitglieder betragen. Kommt also, so lange sie noch kostenlos sind!

Neben dem Schriftkontrast gibt es bei dieser Postkarte auch einen Kontrast zwischen der breiten, horizontalen Überschrift und den hohen, schmalen vertikalen Spalten. Die schmalen Spalten sind ein Wiederholungselement und ein Beispiel für Kontrast.

Schriften
Proxima Nova Black
Improv Regular
Photina Regular

Unten sehen Sie einen typischen Flyer. Das größte Problem ist, dass die Textzeilen zu lang und damit nicht bequem lesbar sind. Außerdem trägt nichts dazu bei, den Blick des Lesers auf den Text zu lenken.

Erstellen Sie eine Überschrift, die die Aufmerksamkeit auf sich zieht. Da die Aufmerksamkeit der Leser nun der Seite gilt, erzeugen Sie etwas Kontrast im Text. Selbst wenn die Betrachter jetzt nicht alles lesen möchten, werden ihre Blicke beim Überfliegen der Seite von bestimmten Teilen angezogen. Verbessern Sie das Layout mit kräftigen Ausrichtungen und wenden Sie das Prinzip der Nähe an.

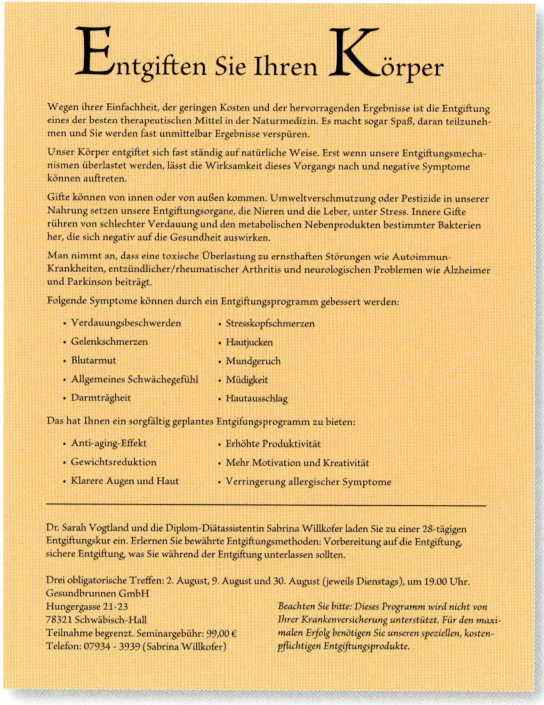

Schriften
Brioso Pro Regular
und Italic

Wo fangen Sie mit der Verbesserung dieses Flyers an?

Die langen Zeilen schrecken den Leser von vornherein ab. Wenn Sie wie hier viel Text einarbeiten müssen, versuchen Sie es mit mehreren Spalten, wie auf den vorhergehenden und nachfolgenden Seiten.

Heben Sie Schlüsselbegriffe fett hervor, damit die visuellen Kontraste die Blicke auf sich lenken können.

Beginnen Sie vielleicht mit den einleitenden Informationen, damit der Leser zunächst einen Eindruck vom Inhalt des Flyers bekommt. Kleine Häppchen lassen sich unverbindlicher lesen. Sie verleiten den Leser durch einen leichten Einstieg quasi zum Weiterlesen.

Scheuen Sie sich nicht, einige Elemente klein zu lassen, um einen Kontrast zu den größeren Elementen zu erzielen. Schrecken Sie auch nicht vor freien Flächen zurück! Sobald Sie die Aufmerksamkeit der Leser auf einen Punkt gebündelt haben, lesen sie bei Interesse auch die kleinere Schrift. Andernfalls kann Ihre Schrift auch *noch* so groß sein.

Beachten Sie auch, wie all die anderen Grundsätze mit ins Spiel kommen: Nähe, Ausrichtung und Wiederholung. Zusammen ergeben sie die Gesamtwirkung. Es wird kaum vorkommen, dass Sie zur Gestaltung einer Seite lediglich auf ein Prinzip zurückgreifen.

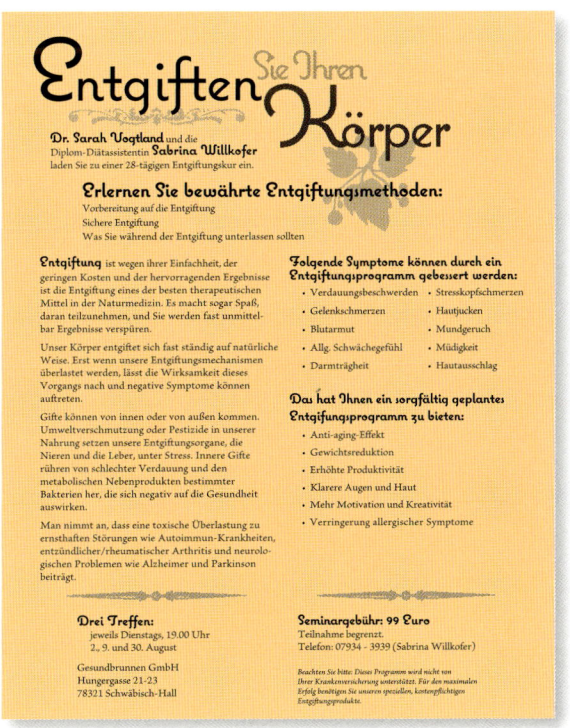

Schriften
Coquette fett
Brioso Pro Regular
und Italic

Da dieser Flyer in Schwarzweiß auf farbigem Papier gedruckt werden soll, verwendeten wir verschiedene Grautöne für die Ornamente und zur visuellen Verstärkung der Headline.

Vertrauen Sie Ihren Augen, wenn Sie dieses Dokument betrachten – spüren Sie, wie sie auf den fetten Text gelenkt werden und wie Sie fast nicht umhin können, zumindest diese Teile der Seite zu lesen? Wenn Sie Ihr Publikum dazu bringen können, dass es sich so weit mit Ihrem Werk beschäftigt, wird ein großer Teil davon auch weiterlesen.

Kontrast macht von allen Gestaltungsrichtlinien den meisten Spaß – und wirkt am dramatischsten! Ein paar einfache Modifikationen können schon den Schritt von einem gewöhnlichen zu einem außerordentlich wirkungsvollen Design ausmachen.

Schriften
Minister Light
und Light Italic
Delta Jaeger Light
und Medium

Diese Auslagekarte für ein tolles Buch wirkt ein bisschen bieder. Auf der gegenüberliegenden Seite haben wir den Kontrast etwas verstärkt. Können Sie mindestens vier der Maßnahmen zur Kontraststeigerung benennen?

Welche dieser beiden Karten würden Sie wahrscheinlich genauer betrachten? Das ist die Wirkung von Kontrast: Er erhöht die Durchschlagskraft enorm. Ein paar einfache Änderungen führen zu einem erstaunlichen Unterschied!

Schriften
Silica fett
Delta Jaeger Light
und Medium

Weil ich Überschrift und Buchtitel in Groß- und Kleinbuchstaben setzte, konnte ich beide vergrößern und fetter darstellen.

Da diese Karte ein Buch anpreist, sollte das Buch größer erscheinen!

Als Wiederholung habe ich das kräftige Schwarz aufgegriffen, das im Buch verwendet wird.

Cynthias Foto habe ich auf die andere Seite der Karte verschoben. Diese Seite hätte sonst überladen gewirkt.

Kontrast ist natürlich in den seltensten Fällen der einzige Grundsatz, der betont werden sollte. Häufig stellen Sie jedoch fest, dass sich nach der Kontraststeigerung die anderen Grundsätze offensichtlich von alleine ergeben. Kontrastelemente lassen sich zum Beispiel manchmal gleichzeitig als Wiederholungselemente einsetzen.

Schriften
Tapioca
Times New Roman
Helvetica Regular

Diese Anzeige erschien in der Lokalzeitung. Abgesehen von der zentrierten Ausrichtung, mangelnder Nähe und Wiederholung sowie einer tristen Schrift fehlt es der Anzeige gewaltig an Kontrast. Es gibt kein Gestaltungselement, das jemanden tatsächlich zum Lesen animieren würde. Das Hundefoto ist niedlich, aber das war dann auch schon alles.

Na ja, ein bisschen Kontrast und Wiederholung sind enthalten. Finden Sie diese schwächlichen Gestaltungselemente? Die Designerin versucht es, aber sie ist viel zu zaghaft.

Bestimmt haben Sie schon ein paar solcher Werke gesehen (oder selbst erstellt). Das ist in Ordnung. Jetzt wissen Sie es besser.

(Beachten Sie, dass das bezaubernde Hündchen vom Namen des Ladens **wegschaut**. Das Auge des Lesers folgt stets der Blickrichtung einer auf der Seite abgebildeten Person (oder — wie hier — eines Hunds). Stellen Sie also sicher, dass diese Blickrichtung die Aufmerksamkeit des Lesers zum Kernpunkt des Layouts leitet.)

Auch wenn diese Anzeige offensichtlich einen Quantensprung gegenüber der vorhergehenden darstellt, wurden doch lediglich die vier Grundprinzipien systematisch angewendet.

Schriften
Tapioca
Bailey Sans ExtraBold

Mit den folgenden Schritten verpassen Sie der linken Anzeige ein Design wie das der oben gezeigten Annonce:

Verabschieden Sie sich von Times Roman und Arial/Helvetica. Verbannen Sie diese einfach aus Ihrer **Schriftauswahl**. Vertrauen Sie mir. (Bitte verabschieden Sie sich auch von Sand.)

Verzichten Sie auf die **zentrierte Ausrichtung**. Ich weiß, das ist schwierig, aber im Moment ist es nötig. Später können Sie wieder damit experimentieren.

Finden Sie den interessantesten oder wichtigsten Teil der Seite und **betonen** Sie ihn! In diesem Fall ist die Hundeschnauze am interessantesten und der Name des Geschäfts am wichtigsten. Halten Sie die wichtigsten Bestandteile zusammen, um den Leser nicht abzulenken.

Ordnen Sie die Informationen in logischen Gruppen an. Verwenden Sie **Freiraum** zum Trennen oder Verbinden von Elementen.

Finden Sie Elemente, die sich wiederholen lassen (auch Kontrastelemente).

Und – ganz wichtig – versehen Sie Ihr Layout mit **Kontrasten**. Oben erkennen Sie Kontrast zwischen Schwarz und Weiß, der blauen Logofarbe, der grauen Schrift, den Schriftgrößen und Schriftarten.

Arbeiten Sie jede Richtlinie einzeln durch. Sie werden garantiert begeistert davon sein, was Sie erreichen können.

Das untenstehende Beispiel kennen Sie bereits aus dem zweiten Kapitel, in dem es um Nähe ging. Es ist nett und ordentlich gemacht, aber auf der nächsten Seite erkennen Sie, was ein bisschen Kontrast bewirken kann.

Diese Webseite enthält bereits einige Kontraste. Diese können wir noch ausbauen, indem wir das Kontrastprinzip auf einige der anderen Elemente anwenden.

Schriften

Wade Sans Light
Clarendon Light,
Roman, und fett
Trebuchet Regular *und Italic*

Ich hoffe, Sie erfassen allmählich, wie wichtig Kontrast bei der gestalterischen Arbeit ist und wie einfach er sich tatsächlich aufbauen lässt. Sie müssen nur bewusst vorgehen. Sobald ein Kontrast vorliegt, lassen sich seine Elemente wiederholt einsetzen.

Ich habe lediglich ein wenig dunklen Hintergrund eingesetzt. Die Seite wirkt viel dynamischer und interessanter.

Zusammenfassung: Kontrast

Kontrast auf einer Seite zieht den Blick auf sich; unsere Augen *mögen* Kontraste. Wenn Sie auf einer Seite zwei nicht gleichartige Elemente unterbringen (etwa zwei Schriften oder Linienstärken), dürfen sie einander nicht *ähnlich* sein – ein effektiver Kontrast entsteht aus zwei sehr unterschiedlichen Elementen.

Mit dem Kontrast verhält es sich ein bisschen wie mit dem Erneuern von Fassadenfarbe – Sie können nicht eine *beinahe* passende Farbe verwenden; entweder stimmt diese genau überein oder Sie müssen die ganze Wand neu streichen. Wie mein Großvater, ein passionierter Horseshoe-Spieler, zu sagen pflegte: „*Beinahe* zählt nur bei Hufeisen und Handgranaten."

Das grundlegende Ziel

Kontraste erfüllen zwei untrennbar miteinander verbundene Funktionen. Einerseits soll ein **Interesse an der Seite** erzeugt werden – eine Seite mit spannender Optik wird wahrscheinlich eher gelesen. Zudem unterstützen Kontraste die **Gliederung** der Informationen. Ein Leser sollte sofort die Anordnung der Informationen, den logischen Übergang von einem Element zum nächsten begreifen. Die kontrastierenden Elemente sollten niemals dazu dienen, den Leser zu zerstreuen oder Aufmerksamkeit an falscher Stelle zu erzeugen.

Wie Sie es erreichen können

Erzeugen Sie Kontraste durch Schriftwahl (siehe nächster Abschnitt), Linienstärken, Farben, Formen, Größen, Leerräume usw. Möglichkeiten zur Kontrastverstärkung sind schnell gefunden und auf diese Weise macht es wahrscheinlich am meisten Spaß, die Optik der Seite zu verbessern. Wichtig ist es hier, dick aufzutragen.

Was Sie vermeiden sollten

Seien Sie nicht zimperlich. Wenn Sie Kontraste erzeugen möchten, dann mit aller Kraft. Vermeiden Sie Kontraste zwischen einer ziemlich starken Linie und einer noch etwas stärkeren Linie. Vermeiden Sie Kontraste zwischen braunem Text und schwarzen Überschriften. Vermeiden Sie mehrere ähnliche Schriften. Wenn die Elemente sich nicht exakt gleichen, **sorgen Sie für Unterschiede!**

Rückblick

Es gibt eine weitere allgemeine Gestaltungs- und Lebensregel: **Seien Sie nicht zimperlich**.

Lassen Sie in Ihrem Layout (und Ihrem Leben) viele Freiräume – sie sind eine Wohltat für die Augen (und die Seele).

Scheuen Sie sich nicht vor Asymmetrien, rücken Sie Ihr Format aus der Mitte – die Wirkung verstärkt sich dadurch häufig. Tun Sie ruhig das Unerwartete.

Fürchten Sie sich nicht vor sehr großen oder sehr kleinen Wörtern, davor zu schreien oder zu flüstern. Beides kann in der richtigen Situation effektiv sein.

Verwenden Sie ruhig sehr plakative oder minimalistische Grafiken, solange das Ergebnis Ihr Design oder Ihre Einstellung stützt.

Nehmen wir uns das eher langweilige Titelblatt des Berichts unten vor. Wir wollen darauf nacheinander die vier Gestaltungsrichtlinien anwenden.

Ihre Einstellung ist

Ihr Leben

Lektionen einer alleinerziehenden Mutter

von drei Kindern

Robin Williams

9. Oktober

Ein ziemlich typisches, aber langweiliges Deckblatt eines Berichts: zentriert, mit einheitlichen Abständen, so dass die Seite ausgefüllt ist. Wenn Sie kein Deutsch könnten, würden Sie vielleicht sechs verschiedene Themen auf dieser Seite vermuten. Jede Zeile wirkt wie ein eigenständiges Element.

Schriften
Berthold Walbaum Book Bold
Hypatia Sans Pro Regular and Light

Nähe

Wenn Elemente zueinander in Beziehung stehen, rücken Sie sie näher zusammen. Trennen Sie Elemente, die *keine* direkte Verbindung zueinander haben. Gehen Sie mit unterschiedlichen Abständen auf die Stärke oder Wichtigkeit der Beziehung ein. Die Seite sieht dann nicht nur besser aus, sondern kommuniziert auch klarer.

Ihre Einstellung ist Ihr Leben

Lektionen einer
alleinerziehenden Mutter
von drei Kindern

Robin Williams
9. Oktober

Durch enges Zusammenstellen von Titel und Untertitel erhalten wir nun eine wohldefinierte Einheit statt sechs scheinbar zusammenhangloser Einheiten. Es wird jetzt klar, dass diese beiden Themen eng miteinander verwandt sind.

Wenn wir die Autorenzeile und das Datum weiter abrücken, wird sofort klar, dass diese zwar dazugehörige und möglicherweise wichtige Information nicht Teil des Titels ist.

Ausrichtung

Platzieren Sie jedes Element bewusst auf der Seite. Um die gesamte Seite zu verein-heitlichen, richten Sie jedes Objekt an der Kante eines anderen Objekts aus. Wenn Sie starke Ausrichtungen haben, *dann können* Sie eine Ausrichtung gelegentlich durchbrechen, ohne dass es wie ein Versehen wirkt.

Ihre Einstellung ist Ihr Leben

Lektionen einer
alleinerziehenden Mutter
von drei Kindern

Robin Williams
9. Oktober

Auch wenn der Name der Autorin weit vom Titel entfernt ist, besteht wegen der gegenseitigen Ausrichtung ein visueller Zusammenhang zwischen den beiden Elementen.

Das Beispiel auf der vorhergehenden Seite ist ebenfalls zentriert ausgerichtet. Wie Sie jedoch sehen, ergeben links- oder rechtsbündige Ausrichtung (wie oben ge-zeigt) eine stärkere Wirkung, eine stärkere Linie, der Sie mit Ihrem Blick folgen können.

Eine links- oder rechtsbündige Ausrichtung erscheint häufig optisch anspruchsvoller als zentrierter Text.

Wiederholung

Wiederholung ist eine verstärkte Form von Konsistenz. Nehmen Sie als Grundlage die Elemente, die sich bereits wiederholen (Aufzählungszeichen, Schriften, Linien, Farben usw.); prüfen Sie, ob Sie eines dieser Elemente hervorheben und als Wiederholungselement einsetzen können. Wiederholung erleichtert es dem Leser auch, das gesamte Design als Einheit zu erkennen.

Ihre Einstellung ▸
ist Ihr Leben ▾

Lektionen einer
alleinerziehenden Mutter
von drei Kindern

▲
Robin Williams
9. Oktober

Die markante **Titelschrift** wird für den **Namen** der Autorin wiederverwendet. Dadurch verstärkt sich der Zusammenhang der beiden Elemente, obwohl sie auf der Seite weit auseinander stehen. Für den übrigen Text wird nun ein magerer Schnitt verwendet.

Die kleinen Dreiecke wurden eigens zu Wiederholungszwecken hinzugefügt. Die Dreiecksform ist so markant, dass sie immer wiedererkannt wird, auch wenn sie in verschiedene Richtungen zeigt.

Auch die Farbe der Dreiecke stellt ein Wiederholungselement dar. Wiederholung hilft, verschiedene Teile eines Designs miteinander zu verbinden.

Kontrast

Wird Ihr Blick auch eher von dem Beispiel auf dieser Seite als von dem auf der vorherigen angezogen? Das liegt an dem hier verwendeten starken Schwarzweißkontrast. Kontrast lässt sich auf die unterschiedlichste Weise erzeugen – Linien, Schriften, Farben, Abstandsbeziehungen, Richtungen usw. Die zweite Hälfte dieses Buchs behandelt das besondere Thema Schriftkontrast.

Zur Erzeugung von Kontrast wurden hier nur die schwarzen Rahmen hinzugefügt.

Mini-Quiz 1: Gestaltungsprinzipien

Suchen Sie mindestens sieben Unterschiede zwischen den beiden Beispiel-Lebens-
läufe. Kreisen Sie alle Unterschiede ein und benennen Sie die missachteten
Gestaltungsprinzipien. Fassen Sie die Änderungen in Worte.

Lebenslauf: Launcelot Gobbo
#73 Acqua Canal
Venice, Italy

Ausbildung

- Grundschule in Ravenna
- Gymnasium in Venedig, Abschluss Summa
Cum Laude
- Berufsschule für Butler

Berufstätigkeit

1593 Küchenhilfe, Gut Antipholus
1597 Gärtner, Tudor-Dynastie
1598 Butler-Praktikum, Pembrokes

Referenzen

- Geldverleiher Shylock
- Goldgräber Bassanio

Lebenslauf

▾ Launcelot Gobbo
  #73 Acqua Canal
  Venice, Italy

Ausbildung

▴ Grundschule in Ravenna
▴ Gymnasium in Venedig, Abschluss Summa
  Cum Laude
▴ Berufsschule für Butler

Berufstätigkeit

▴ 1593 Küchenhilfe, Gut Antipholus
▴ 1597 Gärtner, Tudor-Dynastie
▴ 1598 Butler-Praktikum, Pembrokes

Referenzen

▴ Geldverleiher Shylock
▴ Goldgräber Bassiano

1

2

3

4

5

6

7

Schriften
Shannon ExtraBold
Adobe Jenson Pro
ITC Zapf Dingbats ▴

Mini-Quiz 2: Gestalten Sie diese Anzeige um

Welche Probleme gibt es bei dieser Zeitungsanzeige? Benennen Sie sie und finden Sie die Lösungen.

Hinweise: Gibt es einen wirklichen Blickpunkt? Warum nicht? Wie könnten Sie einen erzeugen? WARUM STEHT SO VIEL TEXT IN GROSSBUCHSTABEN? Brauchen Sie den fetten Rahmen *und* die inneren Rahmen? Wie viele verschiedene Schriften werden in dieser Anzeige verwendet? Wie viele verschiedene Ausrichtungen? Stehen die logischen Elemente nahe beisammen? Welche Elemente ließen sich als Wiederholungselemente einsetzen?

Nehmen Sie ein Stück Pauspapier und pausen Sie den Umriss der Anzeige ab. Ordnen Sie die einzelnen Elemente dann durch Abpausen und Verschieben des Papiers zu einer professionelleren, aufgeräumteren und direkten Anzeige an. Arbeiten Sie jedes Gestaltungsprinzip durch: Nähe, Ausrichtung, Wiederholung und Kontrast. Einige mögliche Ansatzpunkte sehen Sie auf den folgenden Seiten.

DAS SHAKESPEARE MAGAZIN

SHAKESPEARE BY DESIGN

http://www.theshakespearepapers.com

DAS SHAKESPEARE-MAGAZIN BESTEHT AUS KURZEN UND AMÜSANTEN, INTERESSANTEN, WITZIGEN, LEHRREICHEN, UNGEWÖHNLICHEN, ÜBERRASCHENDEN, BRILLANTEN UND MANCHMAL BRISANTEN SCHMANKERLN ÜBER DIE DRAMEN UND SONETTE SHAKESPEARES.

SECHS AUSGABEN PRO JAHR NUR 20 €

ABONNEMENT

RUFEN SIE UNS AN ODER MAILEN SIE UNS
cleo@theshakespearepapers.com

 *Schwanenweg 7*
56321 Gösselheim
Telefon (05631) 42 47

Schriften
Wade Sans Light
*Helvetica Neue
Bold Oblique*
Trade Gothic Medium
Verdana Regular
Times New Roman
Viceroy

Mini-Quiz 2 (Fortsetzung): Vorschläge für die Gestaltung einer Anzeige

Manchmal kann es schwer sein, einen Einstieg zu finden. Zunächst wollen wir also etwas Ordnung schaffen.

Schaffen Sie sich zunächst alles Überflüssige vom Hals, damit Sie wissen, womit Sie es zu tun haben. Sie brauchen in einer Webadresse beispielsweise kein „http://" (noch nicht einmal „www"). Auf die Worte „Telefon" oder „E-Mail" können Sie verzichten, weil aus dem Format des Texts und der Zahlen hervorgeht, worum es sich handelt. Sie brauchen keine VIER Logos. Sie brauchen die inneren Rahmen nicht. Sie brauchen keine Versalien. Sie brauchen keine runden Klammern um die Vorwahl.

Die abgerundeten Ecken lassen diese Anzeige schwach erscheinen; zudem stehen sie in Konflikt mit den scharfen Begrenzungen des Logos. Gestalten Sie den Rand also schmaler und schärfer. Falls Ihre Anzeige in Farbe erscheint, könnten Sie statt eines Rands eine helle Fläche im Hintergrund verwenden. Beschränken Sie sich auf ein oder zwei Schriften.

Das Shakespeare Magazin

Shakespeare by Design

TheShakespearePapers.com

Das Shakespeare-Magazin besteht aus kurzen und amüsanten, interessanten, witzigen, lehrreichen, ungewöhnlichen, überraschenden, brillanten und manchmal brisanten Schmankerln über die Dramen und Sonette Shakespeares.

Sechs Ausgaben pro Jahr nur 20 €

Abonnement   Rufen Sie uns an oder mailen Sie uns
cleo@TheShakespearePapers.com

Schwanenweg 7
56321 Gösselheim
05631 - 42 47

Web- und E-Mail-Adressen sind besser lesbar, wenn die Wortanfänge groß geschrieben werden.

Schriften
Wade Sans Light
Brioso Pro Light
and Bold Italic

Nachdem Sie nun sehen, womit Sie es wirklich zu tun haben, legen Sie den Hauptblickpunkt fest. Je nach Erscheinungsort der Anzeige kann dieser ein wenig differieren.
In der Telefonbuchanzeige eines Augenoptikers müsste der Fokus zum Beispiel eher
auf „Augenoptik" als auf dem Namen des Optikers liegen – ein Leser durchsucht die
gelben Seiten nach *jemandem in dieser Branche,* nicht nach dem *Namen* des Optikers.
In einem Telefonbuch sollte die Telefonnummer stärker gewichtet werden als etwa
auf einem Flyer, der auf eine Veranstaltung zu einem bestimmten Termin hinweist.

Welchen Zweck verfolgt dieses Layout in dieser bestimmten Zeitschrift (oder an jedem
sonstigen Bestimmungsort)? Auf diese Weise legen Sie die Hierarchie der restlichen
Informationen fest. Welche Elemente *sollten* näher beieinanderstehen?

Skizzieren Sie in der Leerfläche unten ein mögliches Design.
Auf den Seiten 202–203 finden Sie Vorschläge und eine von
vielen möglichen Layoutlösungen.

Zusammenfassung

Hiermit beschließen wir unsere Abhandlung über Gestaltung. Wahrscheinlich wünschen Sie sich noch mehr Beispiele. Die finden Sie überall – ich hoffe vor allem, möglichst schmerzlos Ihre **visuelle Aufmerksamkeit** verstärkt zu haben. Ich habe mir überlegt, Ihnen Designvorlagen zu liefern. Wie heißt es aber doch ganz richtig – es ist besser, jemanden das Fischen zu lehren, als ihm einen Fisch zu schenken.

Denken Sie daran, dass professionelle Designer ständig fremde Ideen „stehlen"; sie suchen jederzeit nach Inspirationen. Wenn Sie einen Flyer gestalten, suchen Sie einen, der Ihnen wirklich gefällt, und übernehmen Sie das Layout. Indem Sie einfach Ihren Text und Ihre Grafiken verwenden, wird aus dem Originalflyer Ihr eigener, einzigartiger Flyer. Suchen Sie eine ansprechende Visitenkarte und erstellen Sie daraus Ihre eigene Karte. Suchen Sie einen ansprechenden Titel für einen Newsletter und machen Sie daraus Ihren eigenen Titel. *Er verändert sich beim Übernehmen und wird zu Ihrem Layout.* Wir machen das alle so.

Fürs Erste wünsche ich Ihnen nun viel Spaß. Entspannen Sie sich. Nehmen Sie den ganzen Designkram nicht zu ernst. Wenn Sie Robins vier einfachen Gestaltungsrichtlinien folgen, erhalten Sie garantiert dynamische, interessante und aufgeräumte Seiten, auf die Sie stolz sein werden.

Farbe einsetzen

Es sind wunderbare Zeiten für das Grafikdesign. Jeder hat einen Farbdrucker im Büro stehen und professioneller Farbdruck ist noch nie so umfangreich und preiswert angeboten worden. (Durchsuchen Sie das Internet nach Farbdruck und starten Sie einen Preisvergleich).

Farblehre kann sehr komplex werden. In diesem Kapitel erkläre ich jedoch nur kurz das Farbrad und seine Verwendung. Ein Farbrad ist unheimlich praktisch, um bewusst die Farbauswahl für ein Projekt zu treffen.

Ich gehe auch kurz auf den Unterschied zwischen den Farbmodellen CMYK und RGB ein und erkläre, welches Modell wann einzusetzen ist.

Wie Sie an diesem einfachen Beispiel erkennen, wirkt eine Farbe nicht für sich alleine. Stattdessen wirkt sie sich auch auf alle umliegenden Objekte aus.

Das erstaunliche Farbrad

Das Farbrad geht von den Farben Gelb, Rot und Blau aus. Diese sogenannten **Primärfarben** lassen sich als einzige Farben nicht durch Mischen herstellen. Wenn Sie also einen Wasserfarbkasten haben, können Sie Blau und Gelb zu Grün mischen. Reines Gelb, Rot oder Blau lässt sich jedoch nicht aus anderen Farben zusammenmischen.

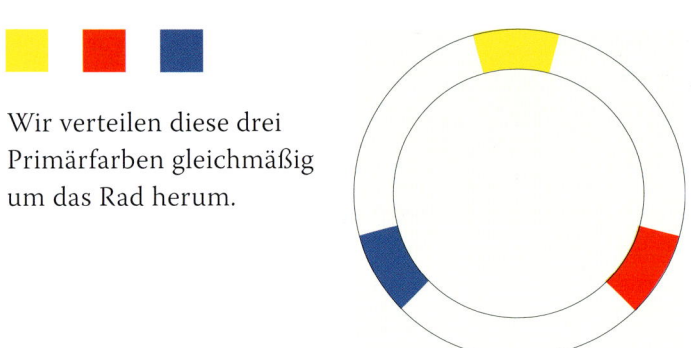

Wir verteilen diese drei Primärfarben gleichmäßig um das Rad herum.

Wenn Sie diese Farben aus Ihrem Wasserfarbkasten nun jeweils zu gleichen Teilen mit der nebenstehenden Farbe mischen, erhalten Sie die **Sekundärfarben.** Wie Sie vielleicht noch von Ihren Kindheitserfahrungen mit Wasserfarben und Buntstiften wissen, ergeben Gelb und Blau Grün, Blau und Rot Violett, Rot und Gelb ergeben Orange.

Wir fügen diese Sekundärfarben also zwischen den Primärfarben ein.

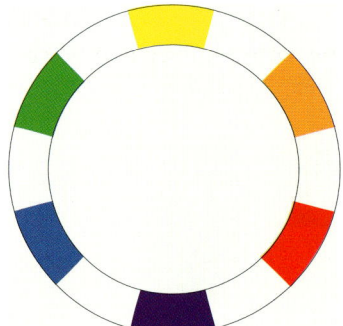

Sie wissen wahrscheinlich schon, wie Sie die Lücken im Farbrad am besten ausfüllen – mischen Sie die Farben auf beiden Seiten zu gleichen Teilen. Damit erhalten Sie die **Tertiärfarben.** Gelb und Orange ergaben demnach, na ja, Gelborange. Und Blau und Grün ergeben Blaugrün (ich bezeichne es als Türkis).

Jetzt stellen wir das Farbrad fertig, indem wir alle Tertiärfarben einfügen. Damit fängt der Spaß erst richtig an.

Farbbeziehungen

Nun haben wir also ein Farbrad mit den zwölf Grundfarben. Damit können wir Farbkombinationen zusammenstellen, die ziemlich sicher miteinander harmonieren werden. Auf den nachfolgenden Seiten untersuchen wir die einzelnen Möglichkeiten dazu.

(In dem von uns verwendeten, auf Seite 106 beschriebenen CMYK-Farbmodell ist die „Farbe" Schwarz tatsächlich die Kombination aller Farben. Die „Farbe" Weiß erscheint hingegen, wenn überhaupt keine Farbe gedruckt wird.)

Komplementär

Komplementärfarben sind direkt einander gegenüberliegende, also genau entgegengesetzte Farben. Weil sie so gegensätzlich sind, funktioniert es oft am besten, eine davon als Haupt-und eine als Akzentfarbe einzusetzen.

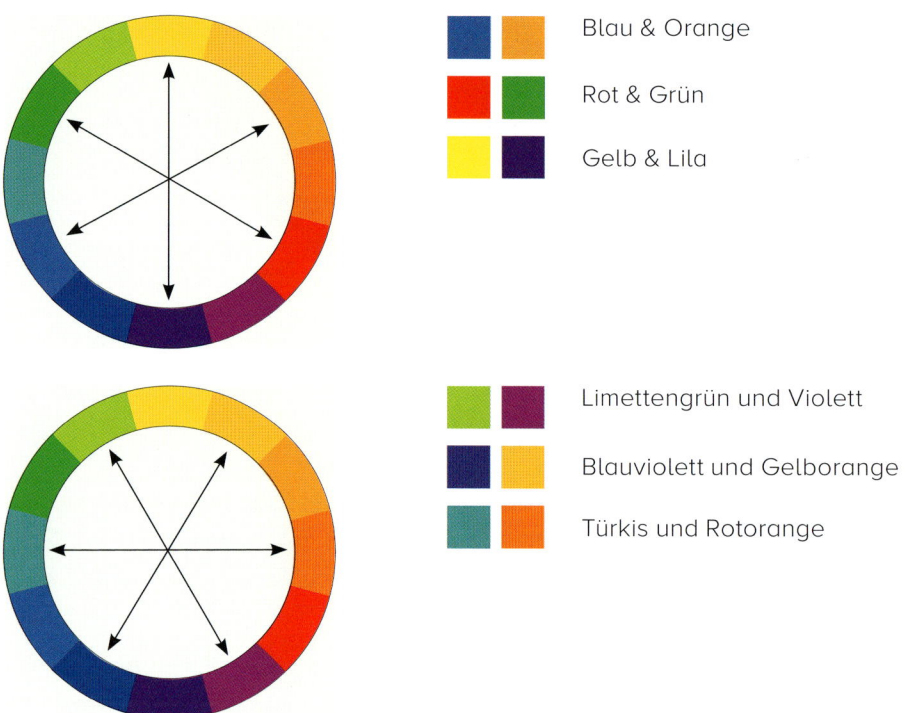

Blau & Orange

Rot & Grün

Gelb & Lila

Limettengrün und Violett

Blauviolett und Gelborange

Türkis und Rotorange

Vielleicht kommen Ihnen einige Farbkombinationen auf diesen Seiten ziemlich seltsam vor. Aber das ist ja gerade das Tolle beim Einsatz des Farbrads – Sie können diese seltsamen Kombinationen verwenden, ohne ein schlechtes Gewissen zu haben! Sie passen wirklich gut zusammen.

Schriften
Tabitha
Snell Roundhand Bold

Triaden

Eine Gruppe von drei gleich weit voneinander entfernten Farben ergibt immer eine **Triade** angenehmer Farben. Rot, Gelb und Blau ist eine extrem beliebte Farbkombination für Kinderspielzeuge. Weil es sich hierbei um die Primärfarben handelt, wird diese Kombination als **Primärtriade** bezeichnet.

Experimentieren Sie mit der **Sekundärtriade,** bestehend aus Grün, Orange und Violett – eine etwas ungewöhnlichere, aber genau aus diesem Grund umso interessantere Farbkombination.

Alle Triaden (außer der Primärtriade aus Rot, Gelb und Blau) werden durch zugrunde liegende Farben miteinander verbunden und harmonieren daher gut.

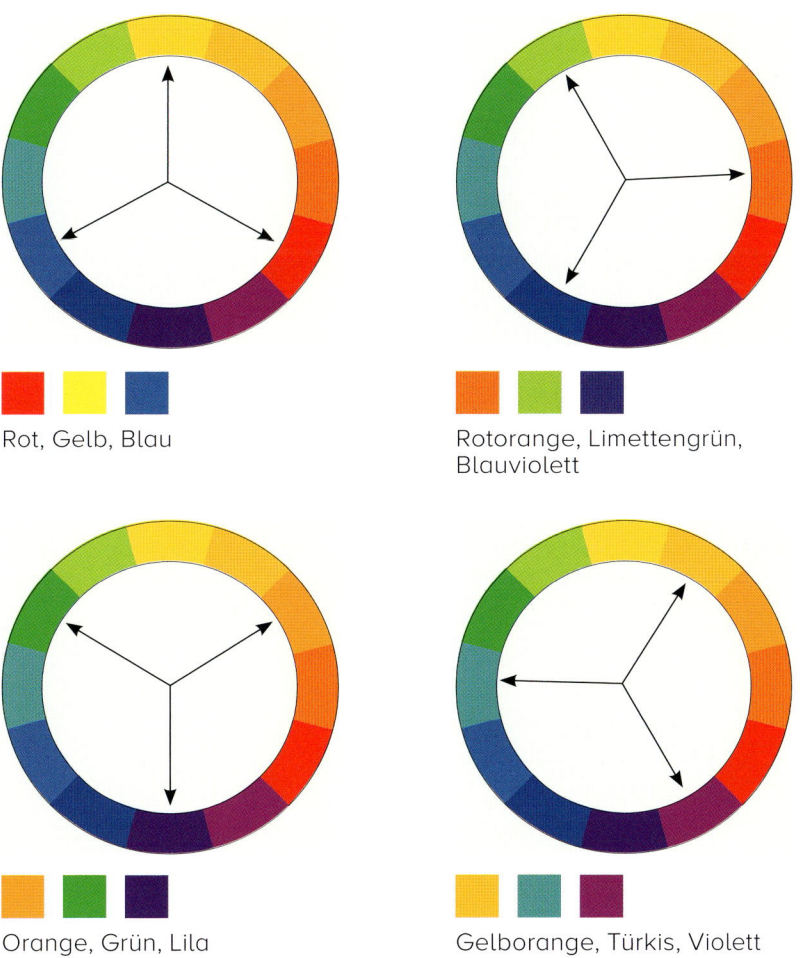

Rot, Gelb, Blau

Rotorange, Limettengrün, Blauviolett

Orange, Grün, Lila

Gelborange, Türkis, Violett

Teilkomplementäre Farbharmonien

Eine weitere Form der Triade ist die **teilkomplementäre Farbharmonie.** Wählen Sie eine Farbe von einer Seite des Rads aus, machen Sie die gegenüberliegende Komplementärfarbe ausfindig, verwenden Sie dann jedoch anstelle der Komplementärfarbe selbst die *beiden neben der Komplementärfarbe* liegenden Farben. Die so erzeugte Kombination wirkt etwas schicker. Unten sind ein paar Möglichkeiten dargestellt.

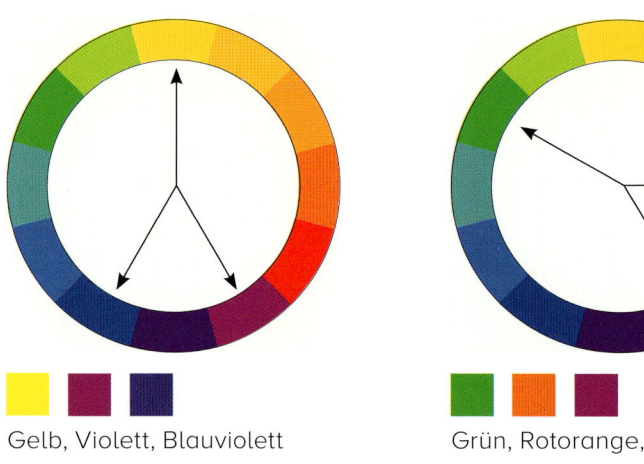

Gelb, Violett, Blauviolett

Grün, Rotorange, Violett

Ich habe für den Rahmen hinter dem Text einen Ton der Farbe in „Neckische Wörter" verwendet. Auf den Seiten 98–101 erfahren Sie mehr über Farbtöne.

Schriften
Wendy Bold
Myriad Pro Condensed

Analogfarben

Eine **analoge** Kombination besteht aus Farben, die auf dem Farbrad nebeneinander angeordnet sind. Egal, welche zwei oder drei Farben Sie dann kombinieren: Es liegt immer ein Grundton derselben Farbe zugrunde, wodurch eine harmonische Kombination entsteht. Wenn Sie eine analoge Farbgruppe wie auf der folgenden Seite beschrieben mit ihren verschiedenen Farbtönen und Schattierungen kombinieren, erhalten Sie eine ganze Menge Material, mit dem Sie arbeiten können!

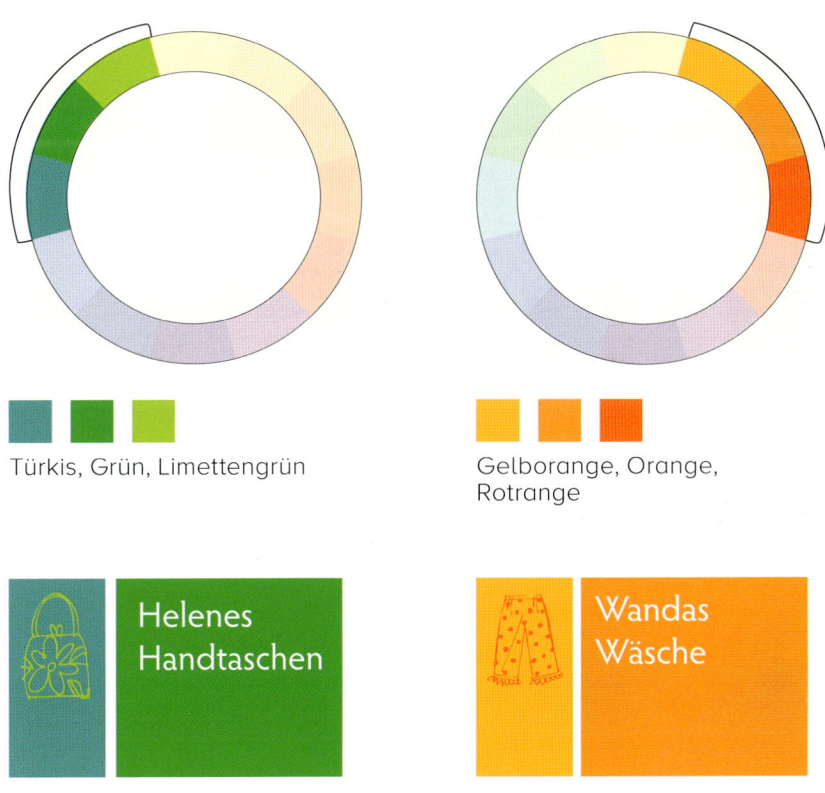

Türkis, Grün, Limettengrün

Gelborange, Orange, Rotrange

Helenes
Handtaschen

Wandas
Wäsche

Schriften
Hypatia Sans Pro Regular
Diva Doodles

Schattierungen und Farbtöne

Das Basis-Farbrad, mit dem wir uns bisher befasst haben, enthält nur den reinen „Farbwert" beziehungsweise die reine Farbe. Wir können das Rad und unsere Auswahlmöglichkeiten enorm ausweiten, indem wir zu den einzelnen Farbwerten einfach noch Schwarz oder Weiß hinzufügen.

Die reine Farbe ist der **Farbwert.**

Durch Hinzufügen von Schwarz zu einem Farbwert entsteht eine **Schattierung.**

Durch Hinzufügen von Weiß zu einem Farbwert entsteht ein **Farbton.**

Schattierungen

Farbwerte

Farbtöne

Unten sehen Sie die Farben im Farbrad. Sie erkennen hier farbige Streifen, aber in Wirklichkeit handelt es sich um einen kontinuierlichen Verlauf mit einer unendlichen Anzahl Farben von Weiß nach Schwarz.

Die Farbwerte befinden sich in diesem mittleren Kreis.

Eigene Schattierungen und Farbtöne

Wenn Sie in Ihrer Software eigene Farben anlegen können, fügen Sie einfach Schwarz hinzu, um eine Schattierung einer Farbe zu erstellen. Für einen Farbton verwenden Sie den Farbtonregler Ihres Programms. Näheres lesen Sie im Softwarehandbuch nach.

Falls Ihre Anwendung eine Farbpalette wie diese enthält, können Sie Farbtöne und Schattierungen folgendermaßen erzeugen:

Wählen Sie zunächst in der Werkzeugleiste das Farbrad-Symbol (eingekreist) aus.

Vergewissern Sie sich, dass der Regler in dem Farbbalken ganz rechts oben steht.

Der kleine Punkt innerhalb des Farbrads dient der Farbauswahl.

Die Farbwerte befinden sich am äußeren Rand dieses besonderen Farbrads.

Für einen Farbton ziehen Sie den kleinen Punkt in Richtung Radmitte.

Der obere Farbbalken zeigt die ausgewählte Farbe an.

Um genau diese Farbe zur späteren Verwendung zu speichern, klicken Sie auf den oberen Farbbalken und ziehen – ein kleines Farbfeld entsteht. Legen Sie dieses Farbfeld unten in einem der leeren Felder ab.

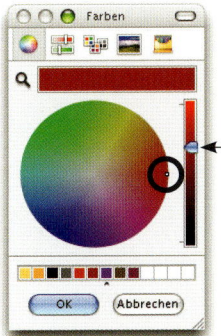

Für eine Schattierung platzieren Sie den kleinen Punkt auf der Farbe, aus der Sie die Schattierung erzeugen möchten.

Ziehen Sie den rechten Regler nach unten. Es gibt Millionen feiner Abstufungen.

Um genau diese Farbe zur späteren Verwendung zu speichern, gehen Sie vor wie oben beschrieben.

Monochromatische Farben

Eine **monochromatische** Kombination besteht aus einem Farbwert mit einer beliebigen Anzahl von passenden Farbtönen und Schattierungen.

Ein monochromatisches Farbschema kennen Sie bereits sehr gut – alle Schwarzweißfotos bestehen aus Schwarz (dem „Farbwert", obwohl Schwarz keine echte „Farbe" ist) und vielen Farbtönen bzw. unterschiedlichen Grauschattierungen. Sie wissen, wie schön das funktionieren kann. Erfreuen Sie sich also an einem Designprojekt mit einer monochromatischen Farbkombination.

Hier sehen Sie einen orangefarbenen Farbwert mit einigen seiner Schattierungen und Farbtöne. Sie können mit einem einfarbigen Druckjob die Wirkung mehrerer Farben erzielen; verwenden Sie Schwarztöne und -schattierungen und lassen Sie das Ganze dann in Ihrer Wunschfarbe drucken.

Orange.

Diese Postkarte wurde nur mit Schwarztönen gestaltet.

Derselbe Job wie oben, jedoch mit dunkelbrauner anstatt schwarzer Druckfarbe gedruckt. Die Schwarztöne werden zu Tönen der gewählten Druckfarbe.

Schriften
Stoclet Light **und fett**
Renfield's Lunch
Gargoonies

Schattierungen und Farbtöne kombinieren

Am meisten Spaß macht es, eine der vier auf den Seiten 93–97 beschriebenen Farbbeziehungen zu verwenden und dann statt der Farbwerte verschiedene Farbtöne und Schattierungen dieser Farben zu verwenden. Damit wachsen Ihre Möglichkeiten beträchtlich an und Sie können sich weiterhin sicher sein, dass die Farben „zusammenpassen".

Rot und Grün sind beispielsweise perfekte Komplementärfarben, aber die Kombination erzeugt fast immer einen „Weihnachtseffekt". Wenn Sie sich jedoch mit den *Schattierungen* dieser Komplementärfarben befassen, werden Sie reich belohnt.

Wie schon erwähnt, ist die Kombination der Primärfarben Blau, Rot und Gelb für Kinderprodukte ganz besonders beliebt. So beliebt sogar, dass es damit schwierig wird, ein kindliches Aussehen zu vermeiden. Es sei denn, Sie verwenden einige der Farbtöne und Schattierungen – voilà: vielfältige und appetitliche Kombinationen.

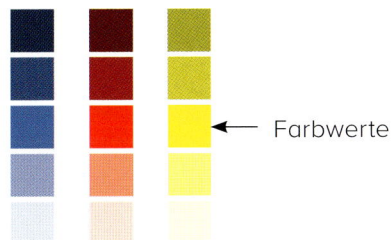 Farbwerte

Schriften

Scriptease
Proxima Nova Alt ExtraBold
Frances Uncial
Hypatia Sans Pro Regular

Achten Sie auf die Töne

Gibt es Farben, die nicht gut zusammenpassen? Nicht, wenn Sie Robins Wildblumen-Farbtheorie Glauben schenken – haben Sie jemals eine wilde Blumenwiese gesehen und ausgerufen: "Ach du meine Güte, was für eine schreckliche Farbzusammenstellung hat diese Wiese nur?!" Wahrscheinlich nicht.

Eine Blumenwiese enthält automatisch eine Anzahl von **Farbtönen** mit unterschiedlichen Farbwerten. Das einzige, was wahrscheinlich wirklich optisch unangenehm ist, sind Farbkombinationen aus zu ähnlichen Farbtönen.

Farbton bezieht sich auf die besondere Helligkeit, Tiefe oder den Farbwert einer gegebenen Farbe. Wie Sie an den beiden oberen Beispielen erkennen können, erscheint alles ein wenig sumpfig, wenn die Farbtöne zu nahe beieinanderliegen. Der Kontrast ist zu schwach. Wenn Sie diese Beispiele auf einen Kopierer legen würden, ginge der Text verloren.

Wenn Ihr Layout Farben mit ähnlichen Tönen erfordert, achten Sie darauf, dass diese möglichst nicht aneinanderstoßen, und verwenden Sie sie zu unterschiedlichen Anteilen.

Wie Sie eindeutig sehen, liegen die Töne dieser dunklen Farben viel zu nahe beieinander.

Der Kontrast ist hier viel besser; er ist ein Ergebnis von deutlichen Tonwertunterschieden. Wo es Probleme geben könnte (in dem weißen Ornament auf dem schwachen Hintergrund), fügte ich einen leichten Schatten zur Trennung der beiden Elemente hinzu. Dasselbe habe ich auf der vorhergehenden Seite gemacht, wo der rote Text auf dem blauen Feld schwer zu lesen war – die Werte der beiden Farben liegen zu nahe beieinander.

Warme und kühle Farben

Farben sind meist entweder warm (beinhalten also etwas Rot oder Gelb) oder kühl (dann enthalten sie etwas Blau). Sie können bestimmte Farben wie Grau- oder helle Brauntöne durch Hinzufügen von Rot- oder Gelbtönen „aufwärmen". Umgekehrt lassen sich manche Farben durch Hinzufügen von Blautönen abkühlen.

Als praktischen Aspekt sollten Sie sich jedoch merken, dass kühle Farben sich in den Hintergrund zurückziehen und warme Farben eher in den Vordergrund treten. Sie brauchen nur sehr wenig von einer „heißen" Farbe, um eine Wirkung zu erzielen – Rot und Gelb springen Ihnen direkt ins Auge. Wenn Sie also warme mit kalten Farben kombinieren, verwenden Sie dabei stets weniger von der warmen Farbe.

Kalte Farben treten in den Hintergrund, daher können Sie (oder *müssen* Sie manchmal) die kühlere Farbe in größeren Anteilen verwenden, um einen Effekt oder wirkungsvollen Kontrast zu erzielen. Versuchen Sie nicht, das auszugleichen! Machen Sie sich dieses visuelle Phänomen zunutze!

Zu viel Rot wirkt erdrückend und eher unangenehm.

Hier haben wir das Rot des Eimers im Bild aufgegriffen und als Akzent verwendet.

Schriftart
Tapioca

Wie beginnen Sie mit der Farbwahl?

Manchmal weiß man nicht, wo man mit der Farbwahl beginnen soll. Gehen Sie zunächst einmal logisch an die Sache heran. Arbeiten Sie an einem saisonalen Projekt? Vielleicht eignen sich analoge Farben (Seite 97), welche die Jahreszeiten widerspiegeln – kräftige Rot- und Gelbtöne für den Sommer, kühle Blauabstufungen für den Winter; Orange- und Braunschattierungen für den Herbst, helle Grüntöne für den Frühling.

Gibt es offizielle Unternehmensfarben? Vielleicht können Sie hier ansetzen und entsprechende Farbtöne und Schattierungen verwenden. Arbeiten Sie mit einem Logo, das bestimmte Farben enthält? Verwenden Sie eventuell eine teilkomplementäre Farbharmonie aus den Logofarben (Seite 96).

Enthält Ihr Projekt ein Foto oder sonst ein Bild? Greifen Sie eine Farbe aus dem Foto heraus und wählen Sie auf Grundlage dieser Farbe eine Reihe weiterer Farben aus. Mit analogen Farben bleibt das Projekt eher ruhig und wirkt nicht aufgeregt, Komplementärfarben sorgen eher für visuelle Stimulation.

Hier habe ich für den Haupttitel die Himmelsfarbe herausgegriffen. Für das übrige Projekt könnte ich Analogfarben zu den sandigen Farben der Felsen verwenden und diesen blauen Farbton als Akzent einsetzen.

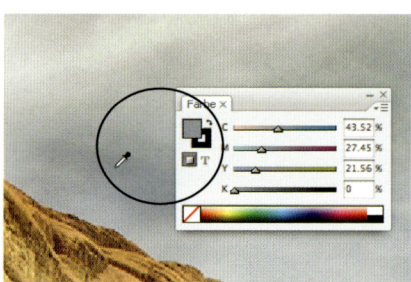

In einigen Anwendungen haben Sie vielleicht ein Pipette-Werkzeug, mit dem Sie Farben durch Anklicken aufnehmen können. So habe ich in InDesign die Farben des Himmels und der Felsen erzeugt.

Schriften
ITC Arid
Proxima Nova Alt Light

Wenn Sie an einem häufig wiederkehrenden Projekt arbeiten, sollten Sie sich eine Farbpalette anlegen, auf die Sie immer wieder zurückgreifen können.

Ich gebe zum Beispiel alle zwei Monate eine sechzehnseitige Broschüre über einen Leckerbissen aus Shakespeares Werken heraus. Es gibt sechs Hauptthemen, die sich jedes Jahr wiederholen. Wenn sich einige Jahresausgaben angesammelt haben, dient die Farbkodierung also auch als Organisationshilfe. Ich wählte für die Hauptfarbfelder auf den Titelseiten 80-prozentige Farbtöne der sechs Tertiärfarben (Seite 93); die Farbe ragt in den Beschnitt und der Titel ist immer negativ gesetzt. Auf diese Weise erhalte ich eine Farbstruktur für die Innenseiten.

Wenn Sie ein neues Projekt starten, das aus mehreren Teilen besteht, wählen Sie Ihre Farbpalette möglichst vor Beginn aus. Viele Entscheidungen im Verlauf Ihrer Arbeit werden dadurch erleichtert.

Schriften
Wade Sans Light

CMYK und RGB; Druck und Web

Es gibt zwei wichtige Farbmodelle, die Sie kennen sollten. Wenn Sie Ihre Layouts nur auf Ihrem einfachen Farbtintenstrahler ausgeben möchten, brauchen Sie gar nichts über Farbmodelle zu wissen. Sie können diesen Teil dann zunächst überspringen und ihn bei Bedarf später lesen.

CMYK

CMYK steht für Cyan (ein Blau), Magenta (eine Art Rot/Rosa), Gelb und eine Schlüssel-(Key-)Farbe, die üblicherweise Schwarz ist. Mit diesen vier Druckfarben können wir Tausende von Farben darstellen. Dieser Prozess wird als „Vierfarbdruck" bezeichnet. (Besondere Druckjobs enthalten möglicherweise noch weitere Druckfarben.)

Die Farben in CMYK verhalten sich wie unsere Buntstifte oder Wasserfarben – Blau und Gelb ergeben Grün usw. Dieses Modell haben wir im ganzen Kapitel verwendet, weil es sich hier um ein gedrucktes Buch handelt.

Das CYMK-Farbmodell setzen Sie für Projekte ein, die von einer Druckmaschine auf etwas Greifbarem gedruckt werden sollen. Fast alles, was Sie je in einem Buch, einer Zeitschrift, auf einem Plakat, einer Streichholzschachtel oder Keksdose sehen, wurde mittels CMYK gedruckt.

Betrachten Sie ein gedrucktes Bild unter einem Vergrößerungsglas. Sie erkennen dann die aus Farbpunkten bestehenden „Rosetten".

RGB

RGB steht für Rot, Grün und Blau. Die Anzeige Ihres Computermonitors, Fernsehers, iPhones usw. erfolgt in RGB.

Wenn Sie in RGB Rot und Grün mischen, erhalten Sie – Gelb. Wirklich. Mischen Sie sattes Blau und Rot und Sie erhalten ein leuchtendes Rosa. Das liegt daran, dass RGB auf farbigen Lichtstrahlen basiert, die nicht von einem physikalischen Objekt reflektiert werden – das Licht gelangt direkt vom Monitor in Ihre Augen. Wenn Sie alle Farben zusammenmischen, erhalten Sie Weiß. Und wenn Sie alle Farben löschen, erhalten Sie Schwarz.

In der realen Welt trifft das Spektrum sichtbaren Lichts auf Objekte. Diese absorbieren (oder subtrahieren) den größten Teil des Spektrums – der nicht absorbierte Anteil wird als Farbe zurück auf unsere Netzhaut reflektiert.

Auf einem Monitor werden die Lichtfarben nicht reflektiert – sie gelangen direkt in unsere Augen.

Druck- und Webfarbmodelle

Folgendes sollten Sie sich zu CMYK und RGB merken:

Verwenden Sie CMYK für Projekte, die gedruckt werden sollen.

Verwenden Sie RGB für alles, was auf einem Bildschirm dargestellt wird.

Wenn Sie Ihre Dokumente nicht auf einer Vierfarb-Offsetdruckmaschine, sondern auf einem teuren digitalen Farbdrucker ausgeben, fragen Sie den Betreiber zunächst, ob die Farben in CMYK oder RGB vorliegen sollten.

RGB führt zu kleineren Dateigrößen und einige Techniken in Photoshop funktionieren nur in RGB (oder besser und zumeist schneller). Beim Hin- und Herkonvertieren zwischen CMYK und RGB gehen aber immer ein paar Daten verloren. Sie sollten Ihre Bilder also am besten in RGB bearbeiten und sie erst ganz am Schluss in CMYK umwandeln.

Da RGB auf Licht basiert, das direkt in unsere Augen gelangt, sehen die von hinten beleuchteten Bilder auf dem Bildschirm fantastisch aus und weisen ein erstaunliches Farbspektrum auf. Leider geht bei der Umwandlung in CMYK und bei der späteren Übertragung mit Druckfarben auf Papier etwas von dieser Brillanz und Bandbreite verloren. Das passiert eben einfach. Sie sollten darüber nicht allzu enttäuscht sein.

Weitere Tipps & Tricks

In diesem Kapitel wollen wir eine Vielzahl von Anzeigen und Werbematerialien für ein fiktives Unternehmen namens Url's Internet Café gestalten.* Dieser Abschnitt enthält viele weitere Tipps, Tricks und Techniken. Sie werden aber sehen, dass die vier Grundregeln auf jedes Projekt zutreffen, gleichgültig, wie groß oder klein es ist.

Das vorliegende Kapitel enthält spezielle Tipps für die Gestaltung Ihrer Visitenkarten, Briefpapier, Umschläge, Flyer, Newsletter, Broschüren, Postkarten-Mailings, Zeitungsanzeigen und Websites.

* UrlsInternetCafe.com gibt es wirklich; die in diesem Kapitel gezeigten Produkte sind jedoch nicht verkäuflich. Na ja, sie *waren* verkäuflich, aber die von uns beauftragte Shop-Firma gab auf und unsere tollen Produkte verschwanden. Wenn Sie sie irgendwo sehen, kontaktieren Sie uns bitte.

Eine Geschäftsausstattung gestalten

Eines der wichtigsten Merkmale einer Geschäftsausstattung folgt dem Prinzip der Wiederholung: Es muss ein grafisches Element oder einen Stil geben, der in jedem Layout vorkommt. Betrachten Sie die einzelnen Layouts unten. Sie sind alle für das Café. Benennen Sie die wiederkehrenden Elemente.

Visitenkarten

Wenn Sie eine zweite Farbe verwenden möchten, sollten Sie diese sparsam einsetzen. Meist ist ein kleiner Farbtupfer effektiver, als wenn Sie die zweite Farbe überall auf der Karte verwenden.

Sprechen Sie mit der Druckerei, wie viele Kopien der Karte Sie auf einer Seite platzieren und wie groß die Abstände zwischen den einzelnen Karten sein sollen. Fragen Sie nach, ob Sie eine Adobe-Acrobat-PDF-Datei liefern können (wenn Sie nicht wissen, wie Sie eine PDF-Datei erstellen, informieren Sie sich auf der Website von Adobe (www.adobe. com). Oder Sie kaufen diese perforierten, vorgedruckten Visitenkarten, die Sie durch Ihren Bürodrucker schicken können.

Die Größe von Visitenkarten

Eine Standard-Visitenkarte ist in Deutschland 8,5 cm x 5,5 cm groß. Ein Hochformat wäre dann 5,5 cm breit und 8,5 cm hoch.

Schriften
PiousHenry
Officina Sans Book **and Bold**

Was Sie vermeiden sollten

Url Ratz   General Manager

Url's Internet Cafe
Get on the Internet and do Stuff.

e-mail: (505) 424-1115 ph.
url@UrlsInternetCafe.com   P.O. Box 23465
www.UrlsInternetCafe.com   Santa Fe, NM 87502

Kleben Sie keine Elemente in die Ecken. Es macht den Ecken nichts aus, wenn sie leer sind.

Verwenden Sie weder Times noch Arial oder Helvetica. Sonst sieht Ihre Karte aus, als stamme sie aus den 1970ern.

Url's Internet Cafe
Get on the Internet and do Stuff.

Url Ratz, General Manager
www.UrlsInternetCafe.com

(505) 424-1115 phone
P.O. Box 23465
Santa Fe, NM 87502

Verwenden Sie in Ihrer Karte keine 12-Punkt-Schrift, weil sie dadurch etwas primitiv wirkt. 8-, 9- oder 10-Punkt-Schrift lässt sich problemlos lesen. In Geschäftskarten wird häufig 7-Punkt-Schrift verwendet. Und bitte zentrieren Sie Ihr Layout nicht, außer Sie können in Worten ausdrücken, warum Sie dies tun müssen.

Url's Internet Cafe
Get on the Internet and do Stuff.

email: url@UrlsInternetCafe.com
web site: www.UrlsInternetCafe.com

(505) 424-1115 phone   (505) 438-9762 fax
P.O. Box 23465   Url Ratz,
Santa Fe, NM 87502   General Manager

Sie müssen nicht den gesamten Platz auf der Karte füllen. Leere Flächen sind in Ordnung. Betrachten Sie professionelle Karten – diese enthalten immer Leerräume!

Es ist überflüssig, die Worte „E-Mail" und „Web-Site" auf Ihrer Karte zu verwenden – es ist eindeutig, worum es sich handelt.

Schriften
Helvetica Regular and Bold
Times New Roman

Versuchen Sie es so …

Richten Sie die Elemente aneinander aus! Sie sollten alle an anderen Elementen ausgerichtet sein.

Richten Sie die Grundlinien aus.

Richten Sie die rechten oder linken Kanten aus.

Meist wirkt eine starke linksbündige oder rechtsbündige Ausrichtung viel professioneller als eine zentrierte Ausrichtung.

Schreiben Sie Straßennamen aus. Die Punkte in den Abkürzungen sind überflüssiger Ballast.

Wenn Sie keine Faxnummer haben, setzen Sie nicht „Telefon" vor oder nach Ihrer Telefonnummer. Wir wissen, dass es Ihre Telefonnummer ist.

Tipps zur Gestaltung von Visitenkarten

Die Gestaltung von Visitenkarten kann eine Herausforderung sein, weil Sie normalerweise viele Informationen auf einen kleinen Raum packen müssen. Und die Informationsflut, die Sie auf einer Visitenkarte unterbringen müssen, wächst an – zusätzlich zur Standardadresse und Telefonnummer müssen Sie nun eventuell auch Ihre Handynummer, Faxnummer, E-Mail-Adresse und – falls Sie eine Website haben (Sie sollten eine haben) – auch Ihre Webadresse hinzufügen.

Format

Ihre erste Entscheidung ist, ob Sie mit einem **Querformat** oder einem **Hochformat** arbeiten. Nur weil die meisten Visitenkarten ein Querformat haben, heißt das nicht, dass dies so sein *muss.* Sehr oft passen die Informationen besser in ein vertikales Layout, besonders wenn wir so viele Informationselemente auf einer so kleinen Karte unterbringen müssen. Experimentieren Sie sowohl mit vertikalen als auch mit horizontalen Layouts *und wählen Sie dasjenige, das für die Informationen auf Ihrer Karte am besten funktioniert.*

Schriftgröße

Eines der größten Probleme von Visitenkarten, die von Designanfängern gestaltet werden, ist der Schriftgrad. Er ist normalerweise **zu groß.** Selbst die 10- oder 11-Punkt-Schrift, die in Büchern verwendet wird, wirkt auf einer kleinen Karte grobschlächtig. Und 12-Punkt-Schrift sieht geradezu lächerlich aus. Ich weiß, dass es zunächst schwierig ist, 9- oder sogar 8- bzw. 7-Punkt-Schrift zu verwenden; aber betrachten Sie die von Ihnen gesammelten Visitenkarten. Suchen Sie sich drei Karten aus, die besonders professionell und schick wirken. Sie haben keine 12-Punkt-Schrift.

Denken Sie daran, dass eine Visitenkarte kein Buch, keine Broschüre und auch keine Anzeige ist – sie enthält Informationen, die der Kunde nur ein paar Sekunden lang betrachten muss. Manchmal ist der allgemeine, ausgefeilte Effekt des Kartendesigns tatsächlich wichtiger als ein Text, den selbst Ihre Urgroßmutter leicht lesen könnte.

Gestalten Sie auf allen Drucksachen ein konsistentes Image

Wenn Sie ein Briefpapier und passende Umschläge benötigen, sollten Sie alle drei Drucksachen auf einmal gestalten. Die gesamte Geschäftsausstattung mit Visitenkarte, Briefpapier und Umschlägen sollte dem Kunden ein **konsistentes Image** vermitteln.

Briefpapier und Umschläge

Nur wenige Menschen betrachten die Drucksachen einer Firma und denken: „Das sieht so schön aus; ich verdreifache meine Bestellung"; oder: „Das ist wirklich hässlich, ich storniere meine Bestellung." Aber wenn die Leute Ihre Drucksachen sehen, erhalten Sie *einen Eindruck* von Ihnen und dieser ist je nach dem Aussehen dieser Drucksachen positiv oder negativ.

Von der Papierqualität über Farbe und Schrift bis hin zum Umschlag sollte die unausgesprochene Nachricht Vertrauen in Ihr Geschäft erzeugen. Der Inhalt Ihres Briefs hat natürlich eine wichtige Bedeutung; aber übersehen Sie nicht den unbewussten Einfluss, den das Briefpapier selbst ausübt.

Seien Sie mutig!
Seien Sie stark!

Was Sie nicht tun sollten

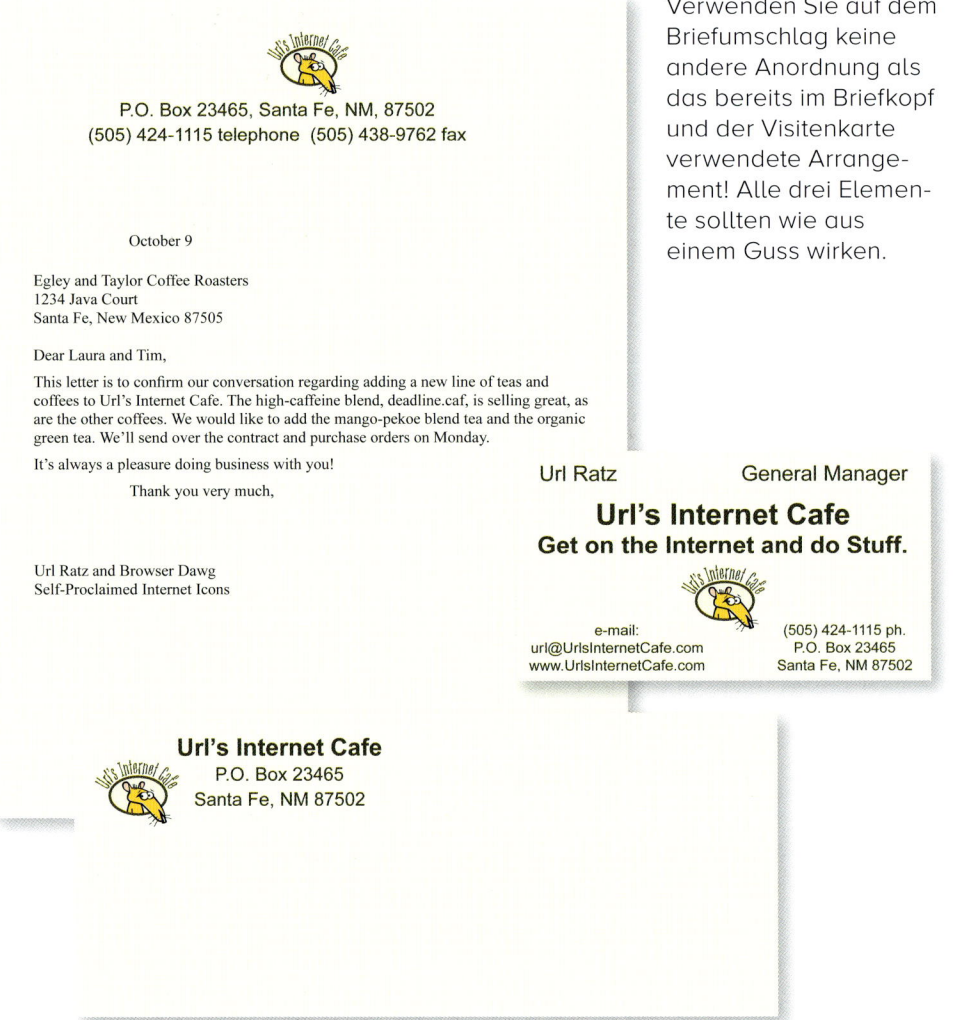

Verwenden Sie auf dem Briefumschlag keine andere Anordnung als das bereits im Briefkopf und der Visitenkarte verwendete Arrangement! Alle drei Elemente sollten wie aus einem Guss wirken.

Zentrieren Sie nicht alles auf der Seite, außer wenn Ihr Logo ganz eindeutig zentriert ist und Sie damit arbeiten müssen. Wenn Sie sich für eine zentrierte Ausrichtung entscheiden, versuchen Sie, etwas kreativer mit der Schrift, der Größe oder der Platzierung der Elemente umzugehen. (Mit anderen Worten: Obwohl die Elemente aneinander zentriert ausgerichtet sind, müssen sie vielleicht nicht auf der Seite selbst zentriert werden; versuchen Sie, die gesamte zentrierte Ausrichtung näher an die linke Seite zu rücken.)

Verwenden Sie weder Times noch Arial, Helvetica oder Sand.

Wie auf Ihrer Visitenkarte sollten Sie Klammern, Abkürzungen und überflüssige Wörter vermeiden. Diese sorgen bloß für ein unübersichtliches, überfülltes Layout.

Probieren Sie es so . . .

Beachten Sie, dass diese drei Teile vom Grundprinzip her dasselbe Layout haben. Arbeiten Sie gleichzeitig an allen drei Drucksachen, um sicherzustellen, dass das gewählte Layout in jeder Situation funktioniert.

Setzen Sie Texte und Grafiken nach Belieben groß oder klein. Rücken Sie das Format aus der Mitte. Die starken linksbündigen oder rechtsbündigen Linien stärken Ihr Design.

Tipps für die Gestaltung von Briefpapier und Umschlägen

Gestalten Sie Briefpapier und Umschläge zusammen mit Ihren Visitenkarten. Der Betrachter sollte erkennen, dass sie zusammengehören – wenn Sie jemandem eine Visitenkarte geben und ihm danach einen Brief schicken, sollten diese Drucksachen einander bestärken.

Umschlaggröße

Der Standard-Geschäftsumschlag ist **110 mm x 220 mm** groß. Das Format wird C4 genannt.

Einen Blickpunkt gestalten

Ein Element sollte **dominieren.** Und es sollte auf dem Briefpapier, dem Umschlag und der Visitenkarte auf dieselbe Weise dominieren. Vermeiden Sie es bitte, das Layout langweilig auf dem Briefpapier zu zentrieren!

Ausrichtung

Wählen Sie eine einzige **Ausrichtung** für Ihre Drucksachen! Ein zentrierter Briefkopf bei linksbündig ausgerichteten übrigen Elementen sieht nicht gut aus. Seien Sie mutig – probieren Sie es mit einer rechtsbündigen Ausrichtung mit viel Zeilenabstand. Probieren Sie, Ihren Firmennamen in großen Buchstaben am oberen Rand zu setzen. Probieren Sie, Ihr Logo (oder einen Teil davon) groß und hell wie ein Wasserzeichen hinter den Briefkörperbereich zu legen.

Positionieren Sie die Elemente des Briefkopfs so, dass sich der eigentliche Brieftext schön in das Design einfügt.

Zweite Seite

Wenn Sie sich eine zweite Seite für Ihr Briefpapier leisten können, greifen Sie ein **kleines Element** von der ersten Seite auf und verwenden Sie dieses auf der zweiten Seite. Möchten Sie Ihr Briefpapier in einer Auflage von, sagen wir, 1000 Stück drucken lassen, können Sie normalerweise die Druckerei bitten, beispielsweise 800 Exemplare von der ersten und 200 Exemplare von der zweiten Seite drucken zu lassen. Auch wenn Sie keine zweite Seite drucken lassen, sollten Sie die Druckerei um ein paar hundert leere Bögen desselben Papiers bitten, so dass Sie *etwas* haben, worauf Sie längere Briefe schreiben können.

Faxen und kopieren

Möchten Sie Ihr Briefpapier durch eine **Fax-** oder **Kopiermaschine** schicken, sollten Sie kein dunkles Papier und auch keines mit Einschlüssen wählen. Vermeiden Sie auch größere Bereiche dunkler Druckfarbe sowie Mini-Schrift. Wenn Sie *viel* faxen, sollten Sie zwei Versionen Ihres Briefpapiers erstellen – eine für den Druck und eine zum Faxen.

Flyer

Es macht viel Spaß, Flyer zu erzeugen, weil Sie unbesorgt und ohne Beschränkungen gestalten können! Hier können Sie wirklich in die Vollen greifen und die Aufmerksamkeit auf sich ziehen. Wie Sie wissen, konkurrieren Flyer mit allem anderen lesbaren Kram auf der Welt, besonders mit anderen Flyern. Häufig werden sie neben vielen Dutzend konkurrierenden Blättern an einem schwarzen Brett angeschlagen und müssen die Aufmerksamkeit der Vorübergehenden auf sich ziehen.

Ein Flyer ist der beste Platz für die Verwendung von dekorativen und unterschied-lichen Schriften und eine dekorative Schrift ist eine der besten Möglichkeiten, um **Aufmerksamkeit** auf eine Überschrift zu ziehen. Seien Sie nicht zimperlich – dies ist Ihre Chance, eine wirklich verrückte Schrift einzusetzen, die Sie schon immer verwenden wollten!

Und eine herrliche Möglichkeit, mit Grafiken zu experimentieren. Versuchen Sie einmal, die Grafik oder das Foto mindestens doppelt so groß zu setzen, wie Sie es ursprünglich geplant hatten. Oder setzen Sie die Überschrift in 400 Punkt statt in 24 Punkt. Oder gestalten Sie einen minimalistischen Flyer mit einer Zeile 10-Punkt-Schrift in der Mitte der Seite und einem kleinen Textblock am unteren Rand. Alle Abweichungen vom Gewöhnlichen veranlassen die Leute, sich Ihren Flyer anzusehen. Und damit haben Sie 90 Prozent Ihres Ziels erreicht.

Was Sie nicht tun sollten

Setzen Sie nicht alles in Rahmen! Erzeugen Sie den „Rahmen" um den Text durch eine starke Ausrichtung.

Wie immer sollten Sie unterschiedliche Abstände zwischen den Elementen wählen. Wenn die Elemente Teil einer Einheit sind, setzen Sie sie dichter nebeneinander.

Verwenden Sie weder Times noch Arial, Helvetica oder Sand.

[*Booth #317 is the rattiest booth in this whole show. And we're proud of it.*]

Stop by booth #317 to see what the deal is with the sleazy rat and why the show organizers haven't called in security or at least the exterminators.

Or go to www.UrlsInternet-Cafe.com if you don't have time to visit the booth.

Verwenden Sie für Aufzählungen keine Bindestriche. Probieren Sie es stattdessen mit Zeichen der Schriftarten Wingdings oder Zapf Dingbats.

Vermeiden Sie es, alle Seitenelemente zu zentrieren, und setzen Sie keine kleinen Textelemente in die Ecken!

Vermeiden Sie eine graue, langweilige Seite – sorgen Sie für Kontraste.

Achten Sie auf die Zeilenenden – es besteht kein Grund, die Zeilen an ungeschickten Stellen umzubrechen oder unnötige Trennungen anzubringen.

ATTENTION CONFERENCE ATTENDEES:

- Never before has this conference allowed booth space for such a disgusting character as Url Ratz.

- Stop by booth #317 to see what possible redeeming traits he could possibly have that would allow someone like him into this exhibit hall.

-While you're there, get some free stuff before they call in the exterminators.

- Or stop by his web site: www.UrlsInternet-Cafe.com

URL'S INTERNET CAFE
www.UrlsInternetCafe.com

Probieren Sie es so . . .

Verwenden Sie eine große Überschrift oder ein ClipArt.

Verwenden Sie eine interessante Schriftart in einem großen Schriftgrad.

Schneiden Sie ein Foto oder ein ClipArt in eine schmale hohe Form, platzieren Sie es an der linken Kante, richten Sie den Text linksbündig aus.

Oder platzieren Sie die Grafik an der rechten Kante und richten Sie den Text rechtsbündig aus.

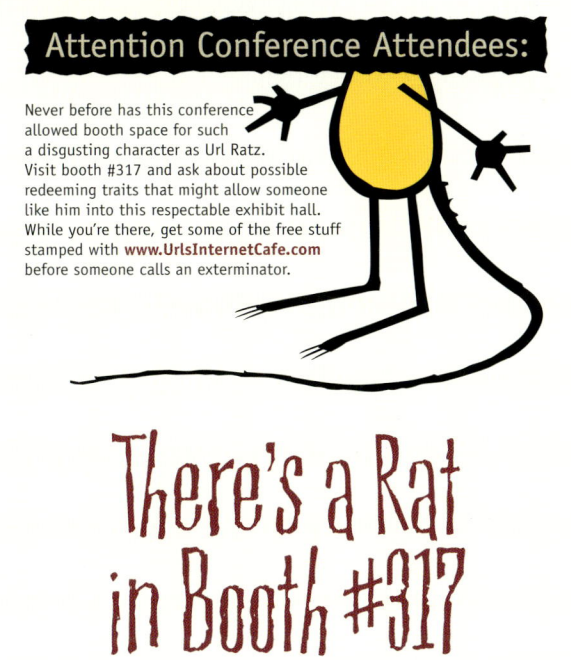

Oder setzen Sie den Text in mehreren linksbündig ausgerichteten Spalten.

Es ist in Ordnung, wenn Sie den Textkörper des Flyers klein setzen. Wenn Sie die Aufmerksamkeit des Betrachters von Anfang an erlangen, wird er die kleine Schrift lesen.

Tipps zur Gestaltung von Flyern

Das größte Problem der meisten von Designneulingen gestalteten Flyer sind der fehlende Kontrast und die mangelnde Hierarchie. Das bedeutet, dass zunächst die Tendenz besteht, alles groß zu setzen, in der Annahme, dass nur so die Aufmerksamkeit des Betrachters erlangt werden kann. Wenn aber *alles* groß ist, dann kann *nichts* wirklich die Aufmerksamkeit auf sich ziehen. Planen Sie einen starken Blickpunkt und Kontraste ein, um die Informationen zu organisieren und das Auge des Betrachters durch die Seite zu geleiten.

Einen Blickfang erzeugen

Setzen Sie ein großes, interessantes und **starkes** Element auf Ihre Seite. Wenn Sie das Auge des Betrachters mit diesem Blickpunkt auf sich ziehen können, wird er mit größerer Wahrscheinlichkeit den Rest des Textes lesen.

Verwenden Sie kontrastierende Zwischentitel

Nachdem Sie den Blickpunkt gestaltet haben, arbeiten Sie mit starken Unterüberschriften (visuell und im buchstäblichen Sinn stark), so dass der Leser den Flyer schnell **scannen** kann, um den Inhalt zu erfassen. Wenn ihn die Unterschriften nicht interessieren, wird er den Textkörper nicht lesen. Wenn es aber gar keine Unterüberschriften gibt und der Leser jedes Wort des Flyers lesen muss, um seinen Sinn in sich aufzunehmen, wird er ihn weglegen und sich keine Zeit nehmen, den Text zu entziffern.

Wiederholung

Ob Ihre Überschrift nun in einer hässlichen, einer schönen oder einer gewöhnlichen Schrift auf ungewöhnliche Weise gesetzt ist: Versuchen Sie, ein wenig von dieser Schrift im Textkörper zu verwenden, um eine **Wiederholung** zu schaffen. Setzen Sie vielleicht nur einen Buchstaben oder ein Wort in dieser Schriftart. Verwenden Sie sie für die Unterüberschriften, Initialen oder vielleicht als Aufzählungszeichen. Ein starker Schriftkontrast macht Ihren Flyer interessanter.

Ausrichtung

Und achten Sie darauf, eine einzige Ausrichtung zu wählen! Vermeiden Sie es, die Überschrift zu zentrieren und dann den Textkörper linksbündig zu setzen. Genauso wenig sollten Sie alles auf der Seite zentrieren und dann Elemente in die unteren Ecken kleben. Seien Sie stark. Seien Sie mutig. Versuchen Sie, alles linksbündig oder rechtsbündig auszurichten.

Newsletter

Eines der wichtigsten Merkmale eines mehrseitigen Layouts ist Konsistenz oder **Wiederholung.** Man sollte jeder Seite ansehen, dass sie zum Gesamtdokument gehört. Sie können dies mit Farben, Grafikstilen, Schriften, Abständen, Aufzählungslisten, Rahmen um Fotos, Bildunterschriften usw. erreichen.

Das bedeutet nicht, dass alles exakt genauso aussehen muss! Wenn Sie aber solide Prinzipien haben, können Sie (wie im wirklichen Leben) fröhlich von diesen abweichen (und niemandem wird es etwas ausmachen). Experimentieren Sie mit gekippten Grafiken oder sehr breit und niedrig zugeschnittenen Fotos, die sich über drei Spalten erstrecken. Mit dieser soliden Grundlage können Sie beispielsweise das Editorial für Ihren Newsletter in einem abweichenden Format setzen und es wird sich wirklich abheben.

Es ist in Ordnung, wenn Ihr Newsletter Leerräume enthält. Achten Sie jedoch darauf, dass der Leerraum nicht zwischen anderen Elementen „eingesperrt" wird. Der Leerraum muss ebenso wohlgeordnet sein wie die sichtbaren Elemente.

Eines der ersten und erfreulichsten Elemente der Newsletter-Gestaltung ist der Titel. Dieser legt den Ton für den restlichen Newsletter fest.

Was Sie nicht tun sollten

RAT TALES
News from Url's Internet Cafe
Volume 1, Number 1

What's Up at Url's Internet Cafe?

There's always somethin' happening at Url's Internet Cafe. Drop in anytime, day or night—we're open twenty-four/seven. You'll always find friends, enemies, ratz, coffee, t-shirts you just gotta have, advice, cartoons, witty sports insights, surprises, provocative conversation if you're really lucky, and a few laughs.

FOR BEGINNERS ONLY
If you're new to the Internet and this World Wide Web, stop at the front porch and have Browser NetHound give yo... You'll l... fascinating... to travel w... very frien... cuddly) r...

THE C...
From ... can orde... blends, i ... octane d...

guaranteed to keep you awake and working all night.

THE SPORTS BAR
Get an Url's-eye view of what's happening in the sports world. You won't hear this on prime time!

THE NAVIGATION BAR
Coming soon! Even we don't know what this is yet!

THE GIFT SHOP AND BOOKSTORE
Be the first in your studio (maybe be the first in the world!) to get Url's t-shirts, sweatshirts, mugs, RatPadz, Browser Trousers, Url ...

the viewer, can tell the producers what you think, what you want to see more or less of, whom you want to see as guests, and more. Details on the web site!

THE CHANGING ROOM
Meet dear Amanda Reckonwith, the most stunning and witty drag queen on the Internet. „Change your mind, change your future, but at least change your wardrobe!"

THE BACK PORCH
Come on out to the back porch to catch the weekly (more or less) cartoon strips featuring Url and ...

You want products? We got products!

Would you buy a lab coat from an ugly rat? You might not think so now, but just wait 'til you see the lab coats, t-shirts, caps, polo shirts, special coffees, teas, mugs, RatPadz, and other great gift ideas at Url's Internet Cafe.

You need a lab coat. You could also use a t-shirt that tells your clients the Internet facts of life. And coffees blended specifically for web surfers. You'll need matching mugs for the coffee and most likely you'll want original RatPadz to replace those clunky old mouse pads you have just lying around the office.

Did we mention polo shirts, caps, gift boxes, and do-rags? Prepare yourself for the Technology Age: visit Url's Internet Cafe for real gift ideas and a cafe full of education, fun stuff and a lot of loonies.

Are you really reading this tiny little type? You might not think so now, but wait 'til you see the lab coats, t-shirts, caps, polo shirts, special coffees, teas, mugs, RatPadz, and other great gift ideas at Url's Internet Cafe.

You need a lab coat. You could also use a t-shirt that tells your clients the Internet facts of life. And coffees blended specifically for web surfers. You'll need matching mugs for the coffee and most likt RatPadz.

old mouse pads you have just lying around the office.

Did we mention polo shirts, caps, gift boxes, and do-rags? Still reading? Did you notice this is just really boring text that's repeated over and over again? Why on earth are you wasting your time? Get back to work!

Would you buy a lab coat from an ugly rat? You might not think so now, but just wait 'til you see the lab coats, t-shirts, caps, polo shirts, special coffees, teas, mugs, RatPadz, and other great gift ideas at Url's Internet Cafe.

You need a lab coat. You could also use a t-shirt that tells your clients the Internet facts of life. And Robin adores John. You'll need matching mugs for the coffee and most likely you'll want original RatPadz to replace those clunky old mouse pads you have just lying around the office.

Did we mention that you can quit reading this now? Prepare

And for beginners only

If you've never been to the World Wide Web before, or if you're still a little new and intimidated, let Browser show you around. Walk through this web site and learn the difference between the Internet and the World Wide Web; what exactly are web pages; what's a browser and why do you need one; what are search engines, where do you find them, and how do you use them to find specific items of interest; how to get around web pages; what to expect from the Internet; how to „download" files; how to customize your browser so it suits the way you want to surf; and even how to make your own web page.

There's also a glossary of common Internet-related terms with definitions you can actually understand, and sources for where you can find more information about all sorts of aspects of the Internet and the World Wide Web. By the time you finish touring Browser's beginner site, you won't be a beginner anymore!

THE SITCOM!

Url's Internet Cafe is a television sitcom, a cross between „Cheers" and „Seinfeld," that takes place in Url's Internet Cafe. Url's Cafe is an old clapboard house with a front porch, back porch, basement, and attic. Inside, Url's is a comfortable, interesting place that doesn't look very high-tech, except that it has lots of computers connected to a high-speed line. This hilarious sitcom provides computer nerds with a light-hearted look at this Internet world we're living in, and gives non-computer people a peek into that online world in a different way. It ties in all those things that even the general public has an inkling of—computer relationships, addicts, seniors online, etc.

There are, of course, the stars of the show and the standard stereotypes who appear regularly. But the show also features regular guest appearances by people like Guy Kawasaki, Bob LeVitus, Steve Wozniak, the Netscape boys, the Yahoo boys, and Kai Krause, as well as football, basketball, and boxing stars who have home pages. And people— like David Letterman, the other ...ohn Williams, Hillary Clinton,

Scott Adams, and Dave Barry all stop by now and then because they're technogeeks.

The Cast of Characters

Url Ratz, proprietor of the cafe. He's a sleazy but lovable rat. „On the Internet, I'm rich and I'm handsome and I sing well, too." He loves this technology, but is also a little disdainful of it.

Browser Dawg, the dog (on the sitcom, he's a real dog). On the web site, Browser is the one who teaches beginners about the Internet and the World Wide Web. He loves everything and everybody. Except DimmSimm and her son-in-law.

Amanda Reckonwith, drag queen, hangs out in the basement. „Come down to my level," s'he says. Amanda writes a hilarious spoof advice column on the tech side.

Grandma Ada, the tech support. She's a bit crabby, but is incredibly smart about technology. Puts the young punks in their places regularly. Flirts with old men. Has several online sweethearts.

Pixel, Url's girlfriend, is a cranky neo-Luddite. She smudges with burning sage, brings in tarot card readers and palm readers and drummers and

digeridoo players, sprays users with aroma-therapy waters, etc. She has also arranged for Url's Internet Cafe to be the Alien Headquarters, much to Url's chagrin, as well as the place with the most frequent Elvis sightings.

DimmSimm, the landlady. She is mean and unappreciative, no matter what people do for her. Her favorite phrase is „I sue you!" When confronted, she pretends not to speak English.

Gig Megaflop, a has-been actor who drops in occasionally and slanders people he doesn't even know. When confronted, he caustically retorts, „Do you know who I am?" Nobody ever does.

VISIT URL'S INTERNET CAFE TODAY!

There's only one place in the world where you can get such ratty stuff, and that's at our web site. Created by web designers for web designers, we [almost] guarantee you'll find something that makes you happy. Or something that at least makes you smile. And how many rats can make that kind of guarantee? See for yourself at www.UrlsInternetCafe.com

Whatever you do, don't write a bunch of filler copy just to fill the space with text. Who wants to read useless words? We have enough to do in our lives. Instead, use that space to be creative! Or just *let there be white space.*

P.O. Box 23465
Santa Fe, New Mexico 87502
505.424.1115 v
505.438.9762
url@UrlsInternetCafe.com
www.UrlsInternetCafe.com

Henrik Birkvig
c/o Den Grafiske Højskole
67 Glentevej
DK-2400 København NV
Denmark

Bulk Rate
Postage
Permit No.
2345

Nur nicht so zimperlich mit dem Newsletter-Titel! Sagen Sie den Lesern, wer Sie sind.

Erzeugen Sie keinen flachen, grauen Newsletter. Verwenden Sie kontrastierende Schriften, wenn es passt, gestalten Sie Kästen und andere visuell interessante Elemente, die das Auge des Lesers in die Seite ziehen.

Andererseits sollten Sie auch nicht für jeden Artikel eine andere Schriftart verwenden. Wenn dem gesamten Newsletter eine starke, konsistente Struktur zugrunde liegt, können Sie die Aufmerksamkeit auf einen bestimmten Artikel lenken, indem Sie ihn anders behandeln.

Wenn alles unterschiedlich ist, gibt es nichts Besonderes mehr.

Probieren Sie es so . . .

Die meisten Leute überfliegen die Seiten eines Newsletters und picken sich die Überschriften heraus – gestalten Sie die Überschriften also klar und stark.

Sie können die zugrunde liegende Struktur des Textes hier sehen. Bei einer solchen Struktur können Sie die Seiten durch die Grafiken aufpeppen, indem Sie diese drehen, vergrößern, den Text darumfließen lassen usw.

Nehmen Sie sich ein paar Minuten Zeit und fassen Sie in Worte, wie alle vier Designgrundprinzipien in dieser mehrseitigen Publikation angewandt wurden. Beachten Sie die Auswirkungen jedes Prinzips.

Rat Tales
News from Url's Internet Cafe

October 9 · volume 6 · number 5

What's Up at Url's Internet Cafe?

There's always somethin' happening at Url's Internet Cafe. Drop in anytime, day or night—we're open twenty-four/seven. You'll always find friends, enemies, ratz, coffee, t-shirts you just gotta have, advice, cartoons, witty sports insights, surprises, provocative conversation if you're really lucky, and a few laughs.

In this issue . . .

Products 2
Beginners 2
Sitcom 3
Cast 3
Visit the cafe! . . . 4

Rat Tales is published whenever we feel like it, which isn't very often. You're lucky you got this issue. Everything written in these pages is copyright of ballyhoo.llc and may not be used anywhere else whether you claim to have permission o artwork was c the outrageor who follett a be reproduche too how. The and statemer herein are the the authors a not intended opinions or o of anyone els of the world.

For Beginners Only

If you're new to the Internet and this World Wide Web, stop at the front porch and have Browser NetHound give you a guided tour. You'll learn all about this fascinating new medium, how to travel around in it, and how to find what you need—all in a very friendly (well, downright cuddly) manner.

The Coffee Bar

From the Coffee Bar you can order Url's special java blends, including his high-octane deadline brew that's guaranteed to keep you awake and working all night.

The TV Room

Read the storyboard for a proposed television sitcom, featuring Url, Browser, and all the characters who hang out at Url's Internet Cafe! The television show is totally integrated with the web site to the point where you, the viewer, can tell the producers what you think, what you want to see more or less of, whom you want to see as guests, and more. Details on the web site!

The Changing Room

Meet dear Amanda Reckonwith, the most stunning and tasty drag queen on the Internet.

You want products? Okay—we've got products galore for you!

Would you buy a lab coat from an ugly rat? You might not think so now, but just wait 'til you see the lab coats, t-shirts, caps, polo shirts, special coffees, teas, mugs, RatPadz, and other great gift ideas at Url's Internet Cafe.

You need a lab coat. You could also use a t-shirt that tells your clients the Internet facts of life. And coffees blended specifically for web surfers. You'll need matching mugs for the coffee and most likely you'll want original RatPadz to replace those chunky old mouse pads you have just lying around the office.

Did we mention polo shirts, caps, gift boxes, and do-ragz? Prepare yourself for the Technology Age: visit Url's Internet Cafe for real gift ideas and a cafe full of education, fun stuff and a lot of loonies.

Are you really reading this tiny little type? You might not think so now, but just wait 'til you see the lab coats, t-shirts, caps, polo shirts, special coffees, teas, mugs, RatPadz, and other great gift ideas at Url's Internet Cafe.

You need a lab coat. You could also use a t-shirt that will your clients the Internet facts of life. And coffees blended specifically for web surfers. You'll need matching mugs for the coffee and most likely

you'll want original RatPadz to replace those chunky old mouse pads you have just lying around the office.

Did we mention polo shirts, caps, gift boxes, and do-ragz? Still reading? Did you notice this is just really boring text that's repeated over and over again? Why on earth are you wasting your time?

Would you buy a lab coat from an ugly rat? You might not think so now, but just wait 'til you see the lab coats, t-shirts, caps, polo shirts, special coffees, teas, mugs, RatPadz, and other great gift ideas at Url's Internet Cafe.

You need a lab coat. You could also use a t-shirt that tells your clients the Internet facts of life. And Robin adores John. You'll need matching mugs for the coffee and most likely you'll want original RatPadz to replace those chunky old mouse pads you have just lying around the office.

Did we mention that you can quit reading this now? Prepare yourself for the Technology Age: visit Url's Internet Cafe for great gift ideas and a cafe full of education, fun stuff and a lot of loonies. Bye!

Did we mention polo shirts, caps, gift boxes, and do-ragz? Prepare yourself for

And for beginners only . . .

If you've never been to the World Wide Web before, or if you're just a little new and **intimidated**, let Browser show you around. Walk through this web site and learn the difference between the Internet and the World Wide Web; what exactly are web pages, what's a browser and why do you need one; what are search engines, where do you find them, and how do you use them to find specific items of interest; how to get around web pages; what to expect from the Internet; how to "download" files; how to customize your browser so it suits the way you want to surf; and even how to make your own web page.

The Internet: a place for everything and everything all over the place!

The Sitcom!

Url's Internet Cafe is a television sitcom, a cross between "Cheers" and "Seinfeld," that takes place in Url's Internet Cafe. Url's Cafe is an old clapboard house with a front porch, back porch, basement, and attic. Inside, Url's is a comfortable, interesting place that doesn't look very high-tech, except that it has lots of computers connected to a high-speed line. This hilarious sitcom provides computer nerds with a light-hearted look at this Internet world we're living in, and gives non-computer people a peek into that online world in a different way. It ties in all those things that even the general public has an

The Cast of Characters

Url Ratz, proprietor of the cafe. He's a sleazy but lovable rat. "On the Internet, I'm rich and I'm handsome and I sing well, too." He loves this technology, but is also a little disdainful of it.

Browser Dawg, the dog (on the sitcom, he's a real dog). On the web site, Browser is the one who teaches beginners about the Internet and the World Wide Web. He loves everything and everybody. Except DimmSimm and her son-in-law.

Amanda Reckonwith, drag queen, hang out in the basement. "Come down to my level," s/he says. Amanda writes a hilarious spoof advice column on the web site.

Grandma Pat, the tech support. She's a bit crabby, but is incredibly smart and

inkling of—computer relationships, addicts, seniors online, etc.

There are, of course, the **stars** of the show and the standard stereotypes who appear regularly. But the show also features regular guest appearances by people like Guy Kawasaki, Bob LeVitus, Steve Wozniak, the Netscape boys, the Yahoo boys, and Kai Krause, as well as football, basketball, and boxing stars who have home pages. And people— like David Letterman, the other Robin Williams, Hillary Clinton, Scott Adams, and Dave Barry all stop by now and then just because they're technogeeks.

technology. Puts the young punks in their places regularly. Flirts with old men. Has several online sweethearts.

Pixel, Url's girlfriend, is a cranky neo-Luddite. She smudges with burning sage, brings in tarot card readers and palm s of drummers and digeridoo players, sprays users with aroma-therapy waters, etc. She has also arranged for Url's Internet Cafe to be the Alien Headquarters, much to the chagrin of Url, as well as the place with the most frequent Elvis sightings.

DimmSimm, the landlady. She is mean and unappreciative, no matter what people do for her. Her favorite phrase is "I sue you!" When confronted, she pretends not

Pixel   Gig

The Sitcom Web Site

Through **Url's Internet Cafe** web site, we video cam parts of the filming to other Internet cafes around the world. We broadcast it over the Internet. We sponsor international teleconcerts, jam sessions, and play readings, etc., right through the connection. Of course the web site shows, previews of special stars, synopses, character studies, film clips, bloopers, history, upcoming events, and Url and Browser products. (We've got lots of products.) And web site visitors can give their opinions on what they like and don't like, and possibly influence the situations and characters. This is a bit waiting to happen.

Visit Url's Internet Cafe Today!

There's only one place in the world where you can get such ratty stuff, and that's at our web site. Created by web designers for web designers, we [almost] guarantee you'll find something that makes you smile. Or something that at least makes you smile. And how many rats can make that kind of guarantee? See for yourself.

www.UrlsInternetCafe.com

Url's Internet Cafe

P.O. Box
23465
Santa Fe
New Mexico
87502

505.424.1115 v
505.438.9782 f

url@UrlsInternetCafe.com
www.UrlsInternetCafe.com

Bulk Rate Postage
Permit No. 2345

To: Henrik Birkvig
c/o Den Grafiske Højskole
67 Glentevej
DK- 2400 København NV
Denmark

Tipps zur Gestaltung von Newslettern

Das größte Problem bei der Newsletter-Gestaltung ist ganz klar eine fehlende Ausrichtung, fehlender Kontrast und zu viel Helvetica (Arial ist ein anderer Name für Helvetica).

Ausrichtung

Wählen Sie eine einzige Ausrichtung und bleiben Sie bei dieser. Vertrauen Sie mir – Ihr gesamter Newsletter sieht überzeugender und professioneller aus, wenn Sie diese starke Kante entlang des linken Rands beibehalten. Auch der Anfang und das Ende von Linien sollten an anderen Elementen ausgerichtet sein, zum Beispiel der Spaltenkante oder dem unteren Spaltenrand. Wenn Ihr Foto um einen halben Zentimeter außerhalb der Spalte hängt, schneiden Sie es zu, so dass es ausgerichtet ist.

Sie sehen, wenn alle Elemente hübsch angeordnet sind, können Sie aus dieser Ausrichtung willentlich ausbrechen. Seien Sie hierbei nicht schüchtern – richten Sie das Element entweder aus oder nicht. Eine Platzierung, die sich *ein bisschen* außerhalb der Ausrichtung befindet, sieht wie ein Fehler aus. Wenn Ihr Foto nicht genau in die Spalte passt, dann lassen Sie es deutlich aus der Spalte heraushängen und nicht nur ein wenig.

Absatzeinzüge

Erste Absätze, auch nach Unterüberschriften, sollten nicht eingezogen werden. Wenn Sie Einzüge nutzen, verwenden Sie den typografischen Standardeinzug von einem Geviert. Ein Geviert ist so breit wie die Punktgröße Ihrer Schrift; wenn Sie also eine 11-Punkt-Schrift verwenden, sollte Ihr Einzug 11 Punkt breit sein (etwa zwei Leerzeichen). Arbeiten Sie *entweder* mit einem erhöhten Abstand zwischen den Absätzen *oder* mit Einzügen, aber *nicht* mit beidem.

Keine Helvetica!

Wirkt Ihr Newsletter ein bisschen grau und trist, können Sie ihn sofort aufpeppen, indem Sie einfach eine starke, fette, serifenlose Schrift für die Überschriften und Unterüberschriften verwenden. Kein Helvetica. Die Helvetica oder Arial auf Ihrem Rechner ist nicht fett genug für einen deutlichen Kontrast. Investieren Sie in eine serifenlose Schrift mit einer extrafetten sowie einer mageren Version (etwa Eurostile, Formata, Syntax, Frutiger oder Myriad). Verwenden Sie den extrafetten Schnitt für die Überschriften und Kastentitel. Der Unterschied wird Sie überraschen. Oder verwenden Sie eine passende dekorative Schrift für die Überschriften, eventuell in einer anderen Farbe.

Ein lesbarer Textkörper

Für die beste Lesbarkeit verwenden Sie eine klassische Serifenschrift wie Garamond, Jenson, Caslon, Minion oder Palatino oder eine magere Egyptienne-Schrift wie Clarendon, Bookman, Kepler oder New Century Schoolbook. Die Schrift dieses Textes ist in Warnock Pro Light von Adobe gesetzt. Wenn Sie eine serifenlose Schrift verwenden, geben Sie etwas Zeilenabstand hinzu und setzen Sie kürzere Zeilen.

Faltblätter

Faltblätter sind eine schnelle und preiswerte Möglichkeit, um über ihr brandneues Geschäft, eine Spendenaktion oder die geplante Schnitzeljagd zu informieren. Dynamische, gut gestaltete Broschüren können sehr attraktiv für den Leser sein. Sie können ihn auf angenehme und erfreuliche Art informieren.

Wenn Sie mit den grundlegenden Gestaltungsprinzipien gerüstet sind, können Sie selbst Broschüren gestalten, die ins Auge fallen. Die Tipps auf den nächsten Seiten helfen Ihnen dabei.

Bevor Sie sich hinsetzen und die Broschüre gestalten, falten Sie ein Stück Papier in die gewünschte Form und machen Sie sich auf jeder Seite Notizen. Stellen Sie sich vor, Sie haben das Faltblatt gerade in die Hände bekommen – in welcher Reihenfolge blättern Sie es durch?

Achten Sie auf die Reihenfolge, in der sich die Seiten des Faltblatts dem Leser beim Öffnen präsentieren. Wenn der Leser beispielsweise die Vorderseite öffnet, sollte er nicht mit den Copyright- und Kontaktinformationen konfrontiert sein.

Die Vorderseiten haben nicht dieselbe Breite wie die Rückseiten! Nachdem Sie Ihr Muster gefaltet haben, messen Sie auf der Vorder- und der Rückseite von links nach rechts. **Teilen Sie nicht einfach 297 mm durch drei –** dies würde nicht funktionieren, weil eine Seite etwas schmaler sein muss, damit sie in die anderen Seiten eingefaltet werden kann.

Eine Faltbroschüre kann Ihr Marketing-Instrument Nr. 1 sein.

Es ist wichtig, sich den Falz bewusst zu machen; wichtige Informationen sollen nicht in den Falten verschwinden! **Wenn Sie auf jeder Seite des Faltblatts eine starke Ausrichtung haben,** können Sie jedoch die Grafiken über den Raum zwischen den Textspalten (den **Steg**) und in den Falz ragen lassen. Betrachten Sie dazu das Beispiel auf Seite 129.

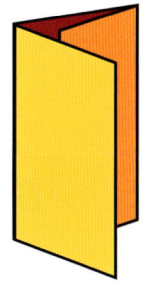

Das links gezeigte, zweimal gefaltete Layout wird mit Abstand am häufigsten verwendet, weil es gut mit A4-Papier funktioniert. Es gibt aber noch viele andere Falzmöglichkeiten. Informieren Sie sich bei Ihrer Druckerei.

Die Beispiele auf den folgenden Seiten sind für ein Standardfaltblatt mit sechs Seiten und im A4-Format eingerichtet.

Was Sie vermeiden sollten

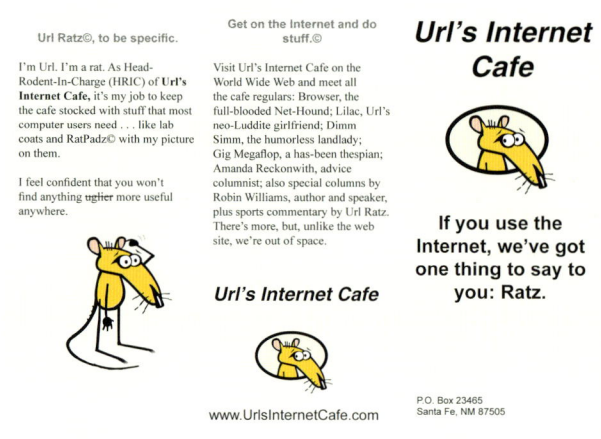

Setzen Sie die Elemente auf der Vorderseite (oder auf den Innenseiten) nicht zentriert und linksbündig! Wählen Sie eine einzige Ausrichtung. Bitte.

Verwenden Sie keine 12-Punkt-Schrift für den Textkörper. Dies sieht nicht nur unprofessionell aus; 12 Punkt ist in den meisten Schriften auch zu groß für die Spaltenbreite in einer standardmäßigen Broschüre mit sechs Seiten.

Setzen Sie den Text nicht zu dicht an den Falz. Denken Sie daran, dass Sie die Seite in der Mitte des Stegs falten werden. Also benötigen Sie zwischen den Spalten eines Faltblatts mehr Platz als zwischen den Spalten eines Newsletters.

Probieren Sie es so . . .

Welche Seite betrachtet der Leser zuerst? Und dann? Dieses Faltblatt ist so gestaltet, dass der Leser nach und nach hineingezogen wird.

Nach der ersten kraftvollen Begrüßung auf dem Titelblatt wird dem Leser auf der nächsten Seite das Maskottchen der Firma vorgestellt. Schließlich öffnet er die Innenseite der Broschüre.

Beachten Sie, wie hier Farb- und Größenkontraste eingesetzt werden.

Spielen Sie mit den Bildern in Ihrer Broschüre – vergrößern Sie sie, lassen Sie sie überlappen, lassen Sie den Text darumfließen, kippen Sie sie. Das ist alles möglich, wenn Ihr Text eine solide, ausgerichtete Grundlage bietet.

Beachten Sie, dass die einzigen Elemente, die über den Falz hinausragen, Grafiken sind. Grafiken gehen im Falz nicht verloren.

Tipps zur Gestaltung von Broschüren

Von Designneulingen gestaltete Broschüren leiden unter denselben Problemen wie Newsletter: mangelnder Kontrast, mangelnde Ausrichtung und zu viel Helvetica/Arial. Hier eine schnelle Übersicht, wie Sie die grundlegenden Designelemente auf Ihre aktuelle Broschüre anwenden.

Kontrast

Wie in anderen Designprojekten wird eine Seite durch Kontraste nicht nur optisch interessanter und zieht das Auge des Lesers auf sich. Sie erhält vielmehr auch eine Informationshierarchie, so dass der Leser die wichtigen Punkte scannen und den Inhalt der Broschüre verstehen kann. Arbeiten Sie bei den Schriften, Linien, Farben, Abständen, Elementgrößen usw. mit Kontrasten. Denken Sie daran, dass Kontraste nur dann effektiv sind, wenn sie auch stark sind – wenn zwei Elemente nicht exakt identisch sind, sollten sie **sehr** unterschiedlich sein. Sonst sieht das Ergebnis fehlerhaft aus. Seien Sie nicht zimperlich.

Wiederholung

Wiederholen Sie unterschiedliche Elemente im Design, um dem Layout ein **einheitliches Aussehen** zu verleihen. Sie können Farbe, Schriften, Linien, räumliche Anordnungen, Aufzählungspunkte usw. wiederholen.

Ausrichtung

Ich wiederhole mich, was die Ausrichtung angeht. Dieses Thema ist aber wichtig. Mangelnde Konsistenz ist ein Problem. **Starke, scharfe Kanten** sorgen für ein starkes, akzentuiertes Erscheinungsbild. Eine Kombination von Ausrichtungen (zentriert, linksbündig und rechtsbündig in einem einzigen Layout) sorgt normalerweise für ein nachlässiges, schwaches Erscheinungsbild.

Gelegentlich möchten Sie die Ausrichtung absichtlich durchbrechen (wie ich es auf der vorigen Seite getan habe); **dies funktioniert am besten, wenn die Seite andere starke Ausrichtungen enthält,** die mit der durchbrochenen Ausrichtung kontrastieren.

Nähe

Nähe, also die räumliche **Gruppierung** ähnlicher Elemente, ist in einem Projekt wie einer Broschüre besonders dann wichtig, wenn sie eine Vielzahl von Unterthemen innerhalb eines Hauptthemas enthält. Wie viel oder wenig die Elemente miteinander zu tun haben, zeigt die Verbindung der Elemente untereinander.

Um die räumlichen Anordnungen effektiv zu gestalten, **müssen Sie wissen, wie Sie in Ihrer Software** Abstände vor oder nach den Absätzen erzeugen, statt einfach nur die ⏎-Taste zweimal zu drücken. Zwei Zeilenschaltungen zwischen den Absätzen führen zu einem größeren als dem benötigten Abstand. Dadurch werden Elemente, die eigentlich nahe beieinanderliegen sollten, weiter auseinandergedrückt. Zwei Zeilenschaltungen führen außerdem dazu, dass sich *über* der Überschrift oder Unterüberschrift derselbe Abstand befindet wie *unter* der Überschrift (was Sie nicht möchten). Außerdem werden auch einzelne Aufzählungszeichen räumlich voneinander getrennt. Erlernen Sie Ihre Software!

Postkarten

Postkarten kommunizieren unmittelbar – keine Umschläge müssen aufgerissen werden, man kann sich nicht am Papier schneiden. Deshalb sind Postkarten eine großartige Möglichkeit, die Aufmerksamkeit des Betrachters zu erlangen. Und aus demselben Grund ist eine hässliche oder langweilige Postkarte eine Zeitverschwendung für alle Beteiligten.

Um also Altpapier zu vermeiden, denken Sie an folgende Punkte:

Heben Sie sich ab. Übergroße oder originell geformte Postkarten heben sich von den übrigen Drucksachen im Briefkasten ab. (Sprechen Sie jedoch mit der Post ab, ob das von Ihnen verwendete Format für eine Postkarte gültig ist!)

Denken Sie über „Serien" nach. Eine einzelne Postkarte hinterlässt nur einen einzigen Eindruck; überlegen Sie, wie viele Eindrücke mehrere Karten hinterlassen könnten!

Kommen Sie auf den Punkt. Teilen Sie dem Empfänger exakt mit, welche Vorteile ihn erwarten (und was er tun muss, um diesen Vorteil zu erlangen).

Halten Sie die Postkarte kurz. Setzen Sie auf die Vorderseite der Postkarte eine kurze Nachricht, die die Aufmerksamkeit des Lesers auf sich zieht. Weniger wichtige Details platzieren Sie auf der Rückseite.

Verwenden Sie möglichst Farbe. Es macht nicht nur Spaß, mit Farbe zu arbeiten; diese zieht auch das Auge und Interesse des Betrachters auf sich.

Denken Sie daran: Auch Leerraum ist ein Designelement!

Was Sie vermeiden sollten

Was ist das Problem an der Überschrift?

Verwenden Sie keine 12-Punkt-Helvetica, Arial, Times oder Sand.

Setzen Sie die Informationen nicht vollständig in Versalien – sie sind so schwer lesbar, dass nur wenige Nutzer sich die Mühe machen werden, sie zu lesen. Sie haben die Karte nicht angefordert, oder? Arbeiten Sie mit Kontrasten und räumlichen Beziehungen, um die Informationen klar zu kommunizieren.

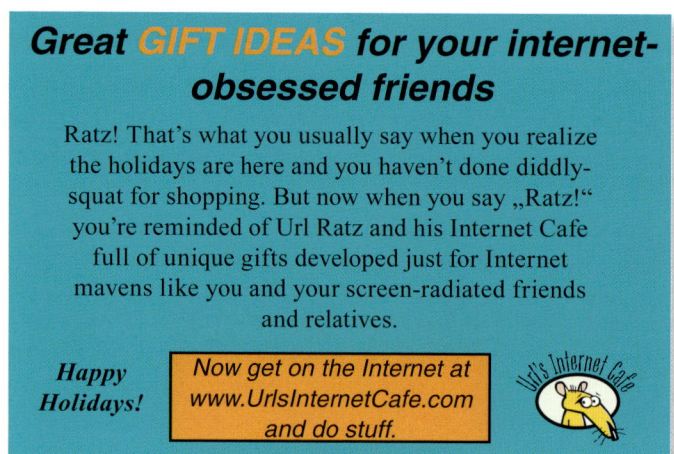

Die Richtlinien für Geschäftskarten (Seiten 111 bis 114) treffen auch auf Postkarten zu: Setzen Sie keine Elemente in die Ecken; Sie müssen nicht den gesamten Platz ausfüllen; geben Sie nicht allen Elementen dieselbe Größe oder fast dieselbe Größe.

Probieren Sie es so . . .

Great gift ideas for your Internet-obsessed friends

Ratz! That's what you usually say when you realize the holidays are here and you haven't done diddly-squat for shopping. But now when you say „Ratz!" you're reminded of Url Ratz and his Internet Cafe full of **unique gifts** developed just for Internet mavens like you and your screen-radiated friends and relatives. Happy Holidays.

Now get on the Internet at **UrlsInternetCafe.com** and do stuff.

Url's Internet Cafe

Probieren Sie es mit einer unge-wöhnlichen Postkartengröße, zum Beispiel schmal und hoch, kurz und breit, übergroß oder gefaltet.

Vergewissern Sie sich jedoch, dass die gewünschte Größe und das gewünschte Papier den Postregeln entsprechen, bevor Sie die Karten drucken. Die ge-nauen Richtlinien erfahren Sie auf www.deutschepost.de. Und informieren Sie sich über das Porto für eine Karte im ungewöhnlichen Format.

Wie in jedem Layout, das die Aufmerksamkeit des Betrachters unmittelbar erlangen soll, erzeugen Sie eine Informations-hierarchie. So kann der Leser die Karte scannen und eine schnelle Entscheidung treffen, ob er den Rest lesen möchte oder nicht.

Great gift ideas for your Internet-obsessed friends

Ratz! That's what you usually say when you realize the holidays are here and and you haven't done diddly-squat for shopping. But now when you say "Ratz!" you're reminded of Url Ratz and his Internet Cafe full of unique gifts developed just for Internet mavens like you and your screen-radiated friends and relatives. Happy Holidays. Now get on the Internet at **UrlsInternetCafe.com** and do stuff.

Url's Internet Cafe

Tipps zur Gestaltung von Postkarten

Im Bruchteil einer Sekunde müssen Sie die Aufmerksamkeit des Betrachters mit einer nicht angeforderten Postkarte gewinnen. Gleichgültig, wie toll Ihr Text ist: Wenn das Design der Karte die Aufmerksamkeit des Betrachters nicht erlangen kann, wird er sie nicht lesen.

Was möchten Sie erreichen?

Als Erstes müssen Sie bestimmen, welchen Effekt Sie erzielen möchten. Soll der Leser denken, dass es sich um ein teures, exklusives Angebot handelt? Dann sollte Ihre Postkarte genauso kostbar und professionell aussehen wie das Produkt. Soll der Leser denken, dass er ein Schnäppchen macht? Dann sollte Ihre Postkarte nicht allzu raffiniert wirken. Discounter geben viel Geld dafür aus, dass ihre Läden so aussehen, als würden sie Schnäppchen bieten. Es ist kein Zufall, dass Dolce & Gabbana ein anderes Erscheinungsbild hat als C&A – und zwar vom Parkplatz bis hin zu den Toiletten. Das bedeutet jedoch nicht, dass C&A weniger Geld für die Ausstattung ausgibt als Dolce & Gabbana. Jedes Erscheinungsbild dient einem bestimmten und definierten Zweck und peilt eine bestimmte Zielgruppe an.

Erlangen Sie die Aufmerksamkeit

Auf Postwurfsendungen treffen dieselben Designrichtlinien zu wie auf alles andere: Kontrast, Wiederholung, Ausrichtung und Nähe. Aber bei einer nicht angeforderten Postkarte haben Sie nur wenig Zeit, den Empfänger zum Lesen zu animieren. **Arbeiten Sie mit** hellen Farben, entweder bei den Druckfarben oder beim Papier. Verwenden Sie auffallende Grafiken – es gibt viele tolle und preiswerte ClipArts und Symbolschriften, die Sie auf kreative Weise einsetzen können.

Kontrast

Kontrast ist bei der Gestaltung einer nicht angeforderten Postkarte wahrscheinlich Ihr bester Freund. Die Überschrift sollte einen starken Kontrast zum Rest des Textes bieten, die Farben sollten einen starken Kontrast zueinander und zur Farbe des Druckpapiers haben. Und vergessen Sie nicht, dass **Leerraum** Kontrast erzeugt!

Zeitungsanzeigen

Eine gut gestaltete Zeitungsanzeige kann für einen Werbetreibenden Wunder wirken. Ein gutes Aussehen ist jedoch nicht alles, um in einer Zeitung Erfolg zu haben. Hier sind ein paar Tipps, mit denen selbst die schickste Anzeige bessere Ergebnisse erzielt:

Leerraum! Beachten Sie, wohin sich Ihre Augen bewegen, wenn Sie das nächste Mal die Zeitung überfliegen. Auf welchen Anzeigen landen Ihre Augen und welche Anzeigen lesen Sie wirklich? Ich wette, dass Sie zumindest die Überschriften der Anzeigen mit mehr Leerraum sehen und lesen.

Seien Sie clever. Nichts kann mit einer cleveren Headline konkurrieren. Noch nicht einmal gutes Design. (Trifft aber beides zu, potenzieren sich die Möglichkeiten!)

Formulieren Sie klar. Sobald Ihre griffige Überschrift die Aufmerksamkeit auf sich gezogen hat, sollte Ihre Anzeige den Lesern vor allem mitteilen, was sie tun sollen (und ihnen die Mittel dazu an die Hand geben, das heißt Telefonnummer, E-Mail-Adresse, Webadresse usw.).

Fassen Sie sich kurz. Ihre Anzeige ist nicht der richtige Platz, um Ihre Lebensgeschichte zu erzählen. Formulieren Sie einfach und kommen Sie auf den Punkt.

Verwenden Sie nach Möglichkeit Farbe. Sie zieht das Auge immer an, besonders wenn sie von einer grauen Textwüste umgeben ist.

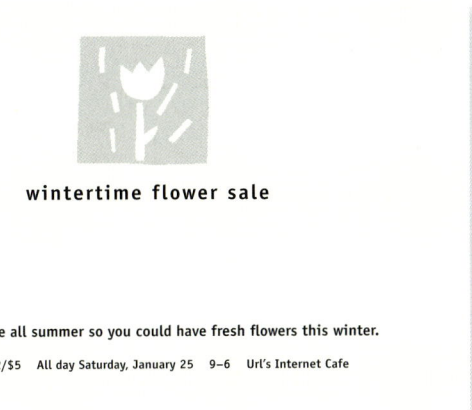

wintertime flower sale

Url took care all summer so you could have fresh flowers this winter.

Flowers 2/$5   All day Saturday, January 25   9–6   Url's Internet Cafe

Werbung muss nicht schreien, um effektiv zu sein.

Was Sie nicht tun sollten

THIS IS THE TECHNOLOGY AGE. LAB COATS FOR SALE.

> You could also use a t-shirt that tells your clients the Internet facts of life. And coffees blended specifically for web surfers.

You'll need matching mugs for the coffee and most likely you'll want original RatPadz© to replace those clunky old mouse pads you have just lying around the office.

Did we mention polo shirts, caps, gift boxes, and do-rags? Prepare yourself for the Technology Age: visit Url's Internet Cafe for great gift ides and a cafe full of educational, fun stuff.

www.UrlsInternetCafe.com

Wenn Ihre Überschrift die Aufmerksamkeit der Leser nicht erlangen kann, lesen diese auch den Textkörper nicht, egal, wie groß Sie ihn setzen. (Wenn Sie auf die Versalien verzichten, können Sie Ihre Überschrift sehr viel größer setzen.) Sobald Sie das Auge und die Gedanken des Lesers auf Ihre Überschrift gezogen haben, lesen sie auch den Rest des Textes, selbst wenn dieser in 9 Punkt gesetzt ist.

WOULD YOU BUY A LAB COAT FROM AN UGLY RAT?

You may not think so now, but just wait 'til you see the lab coats, t-shirts, caps, polo shirts, special coffees, teas, mugs, RatPadz©, and other great gift ideas at Url's Internet Cafe.

But people don't come here just to shop. It's a cafe where just hangin' out is an art form. And when that sudden impulse to buy a lab coat hits, we've got 'em right here. So, if you think he's a sleazy, ugly rat, you're right. But come on, how many handsome lab coat salesmen do you know?

www.UrlsInternetCafe.com
P.O. Box 23465
Santa Fe, NM 87505
(505) 424-1115

Verstopfen Sie nicht das ganze Layout! Mir ist schon klar, dass Sie dafür gezahlt haben; aber Leerraum ist genauso wertvoll.

Außer wenn Ihre Anzeige besonders nützliche, kostenlose Informationen bietet, die der Leser wirklich lesen möchte und nirgendwo anders erhalten kann, sollten Sie sie nicht vollstopfen. Lassen Sie Leerraum stehen.

Probieren Sie es so . . .

This is the Technology Age.

You need a lab coat.

You could also use a t-shirt that tells your clients the Internet facts of life (exhibit A). And coffees blended specifically for web surfers. You'll need matching mugs for the coffee and most likely you'll want original RatPadz© to replace those clunky old mouse pads you have just lying around the office. Did we mention polo shirts, caps, gift boxes, and do-rags? Prepare yourself for the Technology Age: visit Url's Internet Cafe for great gift ideas and a cafe full of educational, fun stuff.

Web site work is never done.

(exhibit A)

Url's Internet Cafe

UrlsInternetCafe.com

Leerraum ist gut. Der Trick ist, dass er organisiert sein muss. In der ersten Anzeige auf der gegenüberliegenden Seite gibt es so viel Leerraum wie in dieser Anzeige, aber er ist über die gesamte Fläche verteilt.

Organisieren Sie den Leerraum genauso bewusst wie die Informationen.
Wenn Sie den anderen vier Gestaltungsrichtlinien folgen, endet der Leerraum automatisch dort, wo er enden soll.

Would you buy a lab coat from an ugly rat?

You may not think so now, but just wait 'til you see the lab coats, t-shirts, caps, polo shirts, special coffees, teas, mugs, Ratpadz©, and other great gift ideas at Url's Internet Cafe. But people don't come here just to shop. It's a cafe where just hangin' out is an art form. And when that sudden impulse to buy a lab coat hits, we've got 'em right here. So, if you think he's a sleazy, ugly rat, you're right. But come on, how many handsome lab coat salesmen do you know?

Url's Internet Cafe
65 Ratznest Way
Santa Fe, New Mexico
UrlsInternetCafe.com

Wie bei jedem anderen Designprojekt sollten Sie Kontrast, Wiederholung, Ausrichtung and Nähe einsetzen. Können Sie sagen, wo die einzelnen Konzepte in den abgebildeten Anzeigen eingesetzt wurden?

Tipps zur Gestaltung von Zeitungsanzeigen

Eines der größten Probleme von Zeitungsanzeigen ist ein vollgestopftes Layout. Viele Kunden und Unternehmen, die für eine Zeitungsanzeige zahlen, haben das Gefühl, dass sie jeden Quadratmillimeter füllen müssen, weil er Geld kostet.

Kontrast

Bei einer Zeitungsanzeige benötigen Sie nicht nur in der Anzeige selbst Kontraste, sondern auch zwischen der Anzeige und dem Rest der Zeitungsseite. In dieser Art Anzeige stellt Leerraum die beste Möglichkeit dar, Kontrast zu erzeugen. Zeitungsseiten sind gewöhnlich komplett vollgestopft. Eine Anzeige mit viel Leerfläche sticht auf der Seite heraus und das Auge des Lesers wird unwillkürlich davon angezogen. Experimentieren Sie. Öffnen Sie eine Zeitungsseite (oder eine Telefonbuchseite) und überfliegen Sie diese. Ich garantiere Ihnen, dass Ihre Augen von eventuell vorhandenem Leerraum angezogen werden. Sie wandern dorthin, weil Leerraum einen starken Kontrast zur ansonsten gefüllten Seite erzeugt.

Sobald Sie mit Leerraum arbeiten, muss Ihre Überschrift nicht in einer großen, fetten Schrift gesetzt sein, die mit allen anderen Elementen konkurriert. Sie können stattdessen auch eine schöne Schreibschrift oder eine elegante Serifenschrift in einem fetten Schnitt verwenden.

Schriftwahl

Zeitungen werden auf porösem, rauem Papier gedruckt, auf dem die Druckfarbe verläuft. Deshalb sollten Sie keine Schriftart mit kleinen, feinen Serifen oder sehr dünnen Strichen verwenden. Denn diese werden im Druck stärker. Es sei denn, Sie setzen die Schrift groß genug, dass die Serifen und Striche erhalten bleiben.

Negativschrift

Vermeiden Sie möglichst Negativschrift (weiße Schrift auf einem dunklen Hintergrund). Wenn es aber sein muss, stellen Sie sicher, dass Sie eine gute solide Schriftart ohne dünne Linien verwenden, denn diese würden durch das Verlaufen der Druckfarbe aufreißen. Wie immer bei Negativschrift sollten Sie einen etwas größeren und fetteren Schriftschnitt verwenden, denn durch eine optische Täuschung wirkt die Negativschrift kleiner und dünner.

Webseiten

Zwar treffen die vier in diesem Buch immer wieder erwähnten Gestaltungsrichtlinien (Kontrast, Wiederholung, Ausrichtung, Nähe) auch auf das Webdesign zu. **Wiederholung** ist hier jedoch am wichtigsten. Die anderen drei Prinzipien tragen dazu bei, dass die Seiten gut aussehen und sinnvoll sind; doch durch die Wiederholung wissen Ihre Besucher, ob sie sich immer noch in derselben Website befinden. Die Site sollte mit einem konsistenten Navigationssystem und einem konsistenten grafischen Stil ausgestattet sein, damit Ihre Besucher immer wissen, dass sie sich noch in derselben Website befinden. Dies erreichen Sie durch ein konsistentes Farbschema, konsistente Schriftarten, Schaltflächen oder ähnliche Grafikelemente, die Sie auf allen Seiten immer an derselben Position platzieren.

Die Gestaltung einer Website unterscheidet sich ein wenig von der Gestaltung von Layouts für den Druck.

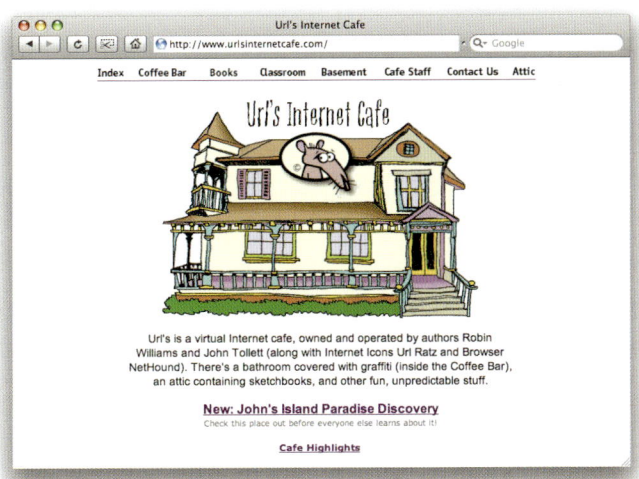

Ihre Site sollte einladend und leicht navigierbar sein. Diese Site ist sauber und einfach.

Google.com ist ein großartiges Beispiel für eine tolle, nützliche, aber saubere und einfache Site.

Was Sie nicht tun sollten

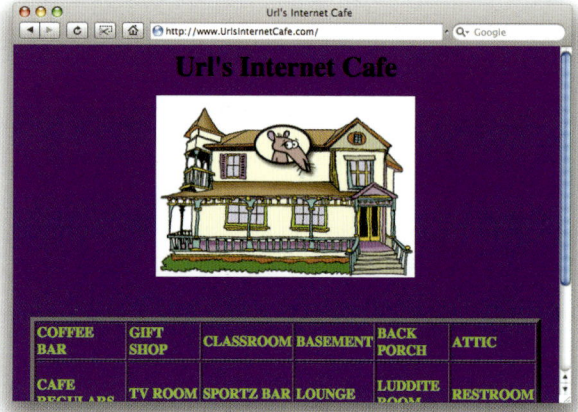

Die Benutzer sollten die Navigationslinks ohne Scrollen erreichen können.

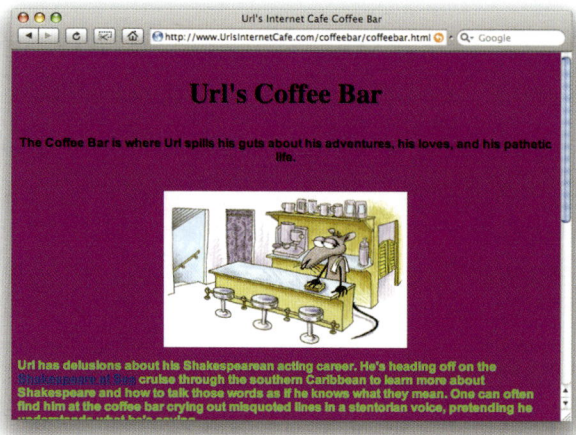

Der Text sollte nicht an die linke Fensterkante anstoßen.

Setzen Sie Ihre Textlinks nicht in große, hässliche Tabellenzellen mit sichtbaren Rändern.

Verwenden Sie keine fette Schrift für den Textkörper und setzen Sie Ihren Textkörper nicht vom linken bis zum rechten Seitenrand.

Verwenden Sie keinen Hintergrund in leuchtenden Farben, vor allem nicht mit leuchtender Schrift!

Zwingen Sie den Nutzer nicht zum seitlichen Scrollen!!
Gestalten Sie Ihre Seite innerhalb des 800-Pixel-Maximums. Vor allem sollten Sie keine Tabellen gestalten, die breiter als 600 Pixel sind. Sonst werden die Nutzer sehr verärgert sein, sobald sie Ihre Seite ausdrucken.

Probieren Sie es so . . .

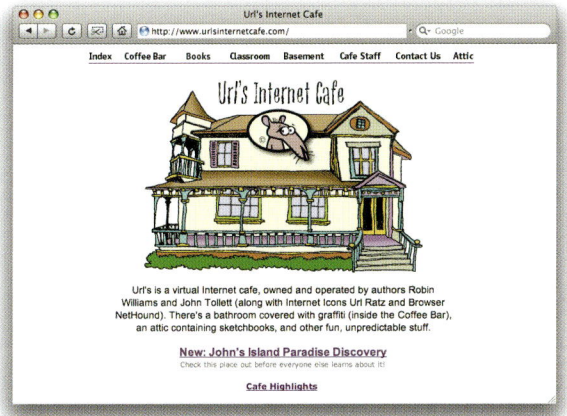

Setzen Sie Ihre Eingangsseite und Ihre Homepage innerhalb von 800 Pixel mal 600 Pixel. Die Besucher sollten auf der Homepage nicht scrollen müssen, um die Links zu finden!

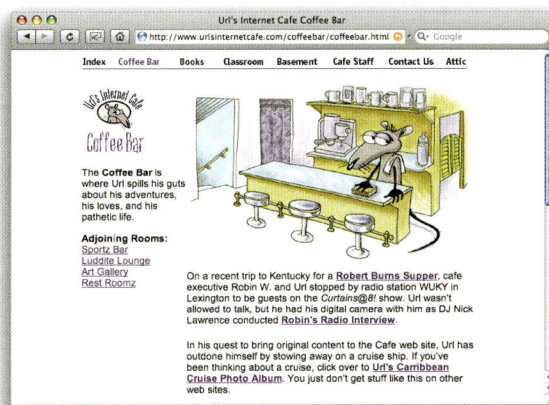

Wenn Sie die angesprochenen schlechten Web-design-Merkmale vermeiden, gehen Sie einen großen Schritt in die richtige Richtung.

Betrachten Sie Addison-Wesley.de oder Adobe.com. Nennen Sie mindestens fünf Dinge, die für ein konsistentes Look-and-Feel sorgen, so dass der Nutzer stets weiß, in welcher Site er sich befindet.

Fassen Sie genau in Worte, was den Unterschied zwischen den Beispielen auf diesen beiden Seiten ausmacht. Wenn Sie die Designmerkmale – sowohl die guten als auch die schlechten – laut aussprechen, verhilft Ihnen dies zu einem besseren Design.

Tipps zur Gestaltung von Webseiten

Zwei der wichtigsten Faktoren für gutes Webdesign sind **Wiederholung und Klarheit/ Lesbarkeit.** Ein Besucher sollte niemals herumknobeln müssen, wie Ihr Navigationssystem zu benutzen ist, wo er sich in der Site befindet oder ob er sich überhaupt noch in Ihrer Website befindet.

Wiederholung

Wiederholen Sie bestimmte visuelle Elemente auf jeder Seite. Dann weiß der Besucher nicht nur, dass er immer noch in Ihrer Site ist, sondern dies sorgt auch für Einheitlichkeit und Kontinuität, zwei unabdingliche Merkmale jedes guten Designs.

Auch auf den Inhaltsseiten sollte der Besucher die Navigation an demselben Ort, in derselben Reihenfolge, mit denselben Grafiken finden. Dadurch wird nicht nur die Navigation innerhalb der Site einfacher für den Besucher, sondern dies sorgt auch für **Einheitlichkeit.**

Klarheit/Lesbarkeit

Auf einem Monitor, ob es sich nun um einen Fernseher, Video- oder Computermonitor handelt, sind Texte besonders schlecht lesbar. Deshalb müssen wir ein paar Anpassungen an den Texten für Webseiten vornehmen, damit ihre möglichst leichte Lesbarkeit sichergestellt ist.

Die **Zeilen sollten kürzer sein** als auf Papier. Der Textkörper sollte niemals über die gesamte Breite der Webseite laufen. Platzieren Sie den Text deshalb in einer Tabelle oder verwenden Sie CSS-Code (oder zumindest einen Einzug, der den Text von der linken und der rechten Seite einzieht): Setzen Sie aber nicht so kurze Zeilen, dass der Satz zu stark zerstückelt wird.

Wenn Sie möchten, dass der Text in einer bestimmten Schriftart erscheint (wenn nicht, ignorieren Sie das Folgende), normalerweise Helvetica oder Arial und Times oder Times Roman, legen Sie bitte Geneva oder Verdana oder Trebuchet vor Helvetica fest und New York oder Georgia vor Times. Damit wirkt der Text auf einem Mac sehr viel sauberer und leichter lesbar. (Wenn Sie einen Mac verwenden, setzen Sie Ihre Standardschrift auf New York statt auf Times. Sie werden überrascht sein, um wie viel leichter lesbar er auf Webseiten ist. Ändern Sie ihn zurück in Times, bevor Sie eine Seite drucken.) Verdana und Trebuchet finden sich auf allen Betriebssystemen, die in den vergangenen paar Jahren aktualisiert wurden, und eignen sich hervorragend für den Textkörper im Web.

Gestalten mit SCHRIFT

Die zweite Hälfte dieses Buchs
beschäftigt sich
ausschließlich mit Text,
denn beim Gestalten
geht es vor allem
um Texte, oder?
Dieser zweite Buchteil spricht
besonders das Problem an,
zwei oder mehr Schriften
auf einer Seite zu kombinieren.
Obwohl ich mich auf das
optische Erscheinungsbild
der Schrift konzentriere,
sollten Sie niemals
vergessen, dass Sie
kommunizieren möchten. Der
Text sollte niemals die
Kommunikation behindern.

Schriften
Meine Handschrift
Tabitha
Onyx

WELCHE SCHRIFT SOLL ICH VERWENDEN?

Die Götter verweigern die Antwort.

Sie verweigern sie, weil sie es nicht wissen.

W.A. DWIGGINS

Schriften
PERCOLATOR EXPERT
Shannon Book Oblique
ITC Golden Cockerel Initial Ornaments

Schrift (& Leben)

Text ist der Grundbaustein jeder gedruckten Seite. Häufig ist es äußerst verführerisch und manchmal absolut notwendig, eine Seite mit mehr als einer Schrift zu gestalten. Woher wissen Sie aber, welche Schriften gut zusammenpassen?

Wenn es im Leben von einem Ding mehr als eines gibt, entsteht eine dynamische Beziehung. In der Typografie gibt es normalerweise mehr als ein Element auf der Seite – sogar ein Dokument mit normalem Textkörper enthält Überschriften oder Zwischentitel oder sogar Seitennummern. Innerhalb dieser dynamischen Gegebenheiten auf der Seite (oder im Leben) entsteht eine Beziehung, die entweder übereinstimmend, widersprüchlich oder kontrastierend ist.

> Eine **übereinstimmende** Beziehung tritt auf, wenn Sie nur eine Schriftfamilie ohne viele Variationen im Stil, der Größe, des Schnitts usw. verwenden. Es ist leicht, die Seite harmonisch zu gestalten und das Arrangement wirkt ruhig und recht gesetzt oder formal – manchmal geradezu langweilig.

> Eine **widersprüchliche** Beziehung entsteht, wenn Sie Schriften kombinieren, die in Stil, Größe, Schnitt usw. *ähnlich* (aber nicht identisch) sind. Die Ähnlichkeiten sind verwirrend, weil die visuellen Aufhänger nicht denselben Übereinstimmungsgrad haben, aber auch nicht voneinander verschieden (kontrastierend) sind. Also stehen sie im Widerspruch zueinander.

> Eine **kontrastierende** Beziehung ergibt sich, wenn Sie deutlich unterschiedliche Schriften und Elemente kombinieren. Die visuell ansprechenden und spannenden Designs, die Ihnen auffallen, enthalten typischerweise viele Kontraste und diese werden betont.

Viele Gestalter neigen zur Improvisation, wenn sie mehr als eine Schriftart pro Seite verwenden. Rein intuitiv merken Sie vielleicht, dass eine Schrift größer oder ein Seitenelement stärker sein sollte. Wenn Sie die Kontraste jedoch erkennen und *benennen* können, haben Sie Macht über sie – Sie können schneller zur Wurzel des Problems vordringen und interessantere Lösungen finden. Und *darum* geht es in diesem Kapitel.

Übereinstimmung

Ein Design ist übereinstimmend, wenn Sie sich für nur eine einzige Schriftart entscheiden und die anderen Elemente auf der Seite dieselben Qualitäten haben wie diese Schriftart. Vielleicht verwenden Sie eine kursive Version dieser Schrift und eventuell eine größere Überschrift oder verschiedene Ornamente – aber der grundlegende Eindruck ist immer noch übereinstimmend.

Die meisten übereinstimmenden Layouts wirken recht ruhig und formell. Das bedeutet nicht, dass Übereinstimmung nicht wünschenswert wäre – beachten Sie nur den Eindruck, den vollständig übereinstimmende Elemente vermitteln.

*L*eben ist nur ein wandelnd Schattenbild;

Ein armer Komödiant, der spreizt und knirscht,

Sein Stündchen auf der Bühn und dann nicht mehr

Vernommen wird; ein Märchen ists,

Erzählt von einem Blödling *voller Klang und Wut,*

Das nichts bedeutet.

Dieses übereinstimmende Beispiel verwendet Cochin. Der erste Buchstabe ist größer und es wird auch kursive Schrift (Cochin Italic) verwendet, aber das gesamte Layout ist ziemlich ruhig und gedämpft.

Schriften
Cochin Medium *und Italic*

Schriften
Aachen Bold
Linoscript (with Type Embellishments Three)

Hallo!

Ich heiße _____

Mein Motto lautet _____

Wenn ich groß bin, will ich _____ **werden**

Die fette Schrift (Aachen Bold) lässt sich gut mit dem fetten Rahmen kombinieren. Selbst die Linie für die handschriftlichen Eintragungen ist fett.

Sie sind herzlich

eingeladen, mit uns

unsere Hochzeit

zu feiern!

Popeye & Olive Oyl

1. April

15.00 Uhr

Die Schriftart (Linoscript), der dünne Rahmen und die zarten Ornamente vermitteln denselben stilistischen Eindruck.

Wirkt das vertraut? Viele Leute bleiben bei ihren Hochzeitseinladungen auf der sicheren Seite, indem sie auf das Prinzip der Übereinstimmung bauen. Dies ist nicht negativ zu beurteilen! Es sollte aber eine bewusste Entscheidung sein.

Konflikt

Zu einem Konflikt kommt es, wenn Sie zwei oder mehr *ähnliche* Schriften auf derselben Seite verwenden – nicht wirklich unterschiedlich, aber auch nicht wirklich gleich. Ich habe zahllose Seminarteilnehmer gesehen, die versucht haben, zwei Texte optisch aneinander anzupassen, indem Sie nach einer „ähnlichen" Schrift suchten. Das ist falsch. Nehmen Sie für Ihr Layout zwei Schriften, die sich zu ähnlich sehen, ohne es wirklich zu sein, wirkt dies normalerweise wie ein Fehler. *Das Problem liegt in den Ähnlichkeiten*, weil die Ähnlichkeiten in Konflikt miteinander stehen.

Übereinstimmung ist ein solides und sinnvolles Konzept, während Sie **Konflikte** vermeiden sollten.

Leben ist nur ein wandelnd Schattenbild,

Ein armer Komödiant, der spreizt und knirscht

Sein Stündchen auf der Bühn und dann nicht mehr

Vernommen wird; ein Märchen ists,

Erzählt von einem Blödling, **voller Klang und Wut**,

Das nichts bedeutet.

Was passiert beim Lesen dieses Beispiels, wenn Sie bei „voller Klang und Wut" ankommen? Fragen Sie sich, warum dies in einer anderen Schriftart gesetzt ist? Fragen Sie sich, ob das vielleicht ein Fehler ist? Zucken Sie zusammen? Sieht der große Initialbuchstabe so aus, als gehöre er hierher?

Schriften
Cochin Medium und ITC Garamond Light

Schriften
Bailey Sans Extra Bold und Antique Olive Roman
Linoscript und Shelley Volante Script
Adobe Wood Type Ornaments Two

Was ist los?

Ich heiße _____

Mein Motto lautet _____

Wenn ich groß bin, will ich _____

Betrachten Sie vor allem die Buchstaben „a," „t" „s" in der Überschrift und den anderen Zeilen. Sie sind ähnlich, aber nicht identisch. Der Rahmen hat nicht dieselbe optische Stärke wie der Text oder die Linien, hat aber auch keinen starken Kontrast. In diesem kleinen Layout befinden sich zu viele Konflikte.

Sie sind herzlich

eingeladen, mit uns

unsere Hochzeit

zu feiern!

Popeye & Olive Oyl

1. April

15.00 Uhr

In dieser kleinen Einladung werden zwei verschiedene Schriftarten verwendet – sie haben viele Ähnlichkeiten miteinander, aber sie sind nicht identisch und nicht unterschiedlich.

Die Ornamente stehen auf dieselbe Weise in Konflikt miteinander – zu viele Ähnlichkeiten. Das Layout sieht etwas unordentlich aus.

Kontrast

Jede Eigenschaft auf dieser Welt wird durch Kontraste zu dem, was sie ist. Nichts existiert aus sich selbst heraus. — Herman Melville

Nun kommen wir zum vergnüglichen Teil. Es ist ziemlich leicht, Übereinstimmung zu erzeugen, und es ist leicht, aber nicht wünschenswert, Konflikte zu erzeugen. Es macht Spaß, Kontraste zu erzeugen. Starke Kontraste ziehen unsere Augen an, wie Sie im vorigen Abschnitt über das Design erfahren haben. Eine der effektivsten, einfachsten und befriedigendsten Möglichkeiten, Kontraste zu erzeugen, ist die Textgestaltung.

Leben ist nur ein wandelnd Schattenbild,

Ein armer Komödiant, der spreizt und knirscht

Sein Stündchen auf der Bühn und dann nicht mehr

Vernommen wird; ein Märchen ists, erzählt

Von einem Blödling,

voller Klang und Wut,

Das nichts bedeutet.

In diesem Beispiel ist es ganz klar, dass der Satzteil „voller Klang und Wut" absichtlich in einer anderen Schriftart gesetzt ist. Der gesamte Text hat durch den Schriftkontrast eine deutlich interessante optische Wirkung und mehr Dynamik.

Schriften
Cochin Medium und Flyswim

Schriften
Antique Olive Black und Roman
LITHOS EXTRA LIGHT
Zanzibar

Hallo!

Ich heiße _____

Mein Motto ist _____

Wenn ich groß bin, will ich _____

Nun ist der Kontrast zwischen den Schriften klar (sie stammen aus derselben Familie, nämlich Antique Olive) – die sehr fette kontrastiert mit der mageren Schrift. Die Linienstärken des Rahmens und die Textlinien sind ebenfalls deutlich unterschiedlich.

SIE SIND HERZLICH

EINGELADEN,

MIT UNS UNSERE HOCHZEIT

ZU FEIERN!

Popeye & Olive Oyl

1. APRIL

15.00 UHR

In dieser Einladung werden zwei sehr unterschiedliche Schriften verwendet – sie unterscheiden sich auf vielfältige Weise.

Die Schrift für „Popeye und Olive Oyl (Zanzibar)" enthält Ornamente (von denen eines hier gezeigt wird), die mit dieser Schriftart gut zusammenspielen.

Zusammenfassung

Kontrast dient nicht nur der ästhetischen Wirkung des Layouts. Er ist untrennbar mit der Organisation und Klarheit der Information der Seite verwoben. Vergessen Sie niemals, dass Sie kommunizieren möchten. Die Kombination unterschiedlicher Schriftarten sollte die Kommunikation erleichtern, nicht erschweren.

Es gibt sechs klare und unterschiedliche Möglichkeiten, Schriften zu kontrastieren: Größe, Stärke, Struktur, Form, Richtung und Farbe. Der Rest dieses Buchs beschäftigt sich mit diesen Kontrasten.

Obwohl ich mich immer nur mit einem dieser Kontraste gleichzeitig beschäftige, wirkt selten nur ein einziger Kontrast. Meist verstärken Sie den Effekt, indem Sie die Unterschiede kombinieren und betonen.

Wenn Sie nur schwer feststellen können, was an einer Schriftkombination falsch ist, suchen Sie nicht danach, was die Schriften *unterscheidet*, sondern worin sie sich *ähneln*. Es sind die Ähnlichkeiten, die das Problem verursachen.

Wenn Sie Schriften kontrastierend einsetzen, lautet die Hauptregel: *Nur nicht so zimperlich!*

Aber...

Bevor wir zu den Möglichkeiten der Gestaltung mit Kontrasten kommen, müssen wir mit den Schriftkategorien vertraut sein. Beschäftigen Sie mit jeder Seite des folgenden Kapitels ein paar Minuten lang und notieren Sie sich die Ähnlichkeiten, die eine bestimmte Schriftkategorie gemeinsam hat. Suchen Sie dann ein paar Beispiele dieser Art, bevor Sie sich mit der nächsten Kategorie befassen. Betrachten Sie Zeitschriften, Bücher, Verpackungen, einfach alles Gedruckte. Glauben Sie mir: Wenn Sie sich ein paar Minuten Zeit dazu nehmen, werden Sie alles viel schneller und besser verinnerlichen!

Schrift-kategorien

Es gibt mittlerweile viele tausend unterschiedliche Schriften und viele andere werden täglich gestaltet. Die meisten Schriften können jedoch einer der unten genannten sechs Kategorien zugeordnet werden. Bevor Sie versuchen, sich der *Schriftkontraste* bewusst zu werden, sollten Sie sich über die *Ähnlichkeiten* zwischen den großen Schriftgruppen klar werden, weil es die *Ähnlichkeiten* sind, die in den Schriftkombinationen zu Konflikten führen. Der Zweck dieses Kapitels ist, dass Ihnen die Details von Schriftzeichen bewusst werden. Im folgenden Kapitel beschäftigen wir uns damit, wie wir sie kombinieren.

Natürlich gibt es viele hundert Schriften, die nicht exakt in irgendeine Kategorie passen. Wir könnten wegen der Vielfalt der Schriften mehrere hundert verschiedene Kategorien anlegen – kümmern Sie sich nicht darum. Es geht darum, dass Sie Schriften genauer und detaillierter betrachten.

Ich konzentriere mich auf die folgenden sechs Gruppen:

Renaissance-Antiqua

Klassizistische Antiqua

Egyptienne

Grotesk

Schreibschrift

Zierschrift – einschliesslich Grunge-Schriften!

Renaissance-Antiqua

Schriften der Kategorie **Renaissance-Antiqua** basieren auf der Handschrift von Schriftgelehrten – Sie können sich mit einem Griffel gezeichnete Buchstaben vorstellen. Renaissance-Antiqua-Schriften haben immer Serifen (siehe Abbildung unten) und die Serifen der Kleinbuchstaben sind stets gewinkelt (im Winkel der Stiftführung). Wegen dieses Stifts haben alle gebogenen Striche in den Buchstaben einen Übergang von dick nach dünn. Dieser Kontrast des Strichs ist relativ moderat; er reicht von etwas dünn nach etwas dick. Wenn Sie eine Linie durch die dünnsten Teile der gebogenen Kurven ziehen, ist diese Linie diagonal. Man spricht hier von der *Schattenachse* – Renaissance-Antiqua-Schriften haben eine diagonale Schattenachse.

Diagonale Schattenachse

Serife

Die Serifen der Kleinbuchstaben stehen schräg

Goudy Oldstyle

Moderate Dick/Dünn-Verbindung der Striche

Goudy Palatino Times

Baskerville Garamond

Sehen diese Schriften für Sie ziemlich gleich aus? Machen Sie sich nichts daraus – sie wirken auf jemanden, der nicht Typografie studiert hat, identisch. Und genau diese „Unsichtbarkeit" macht die Renaissance-Antiqua-Schriften zur besten Schriftgruppe für umfangreiche Texte. Es gibt kaum irgendwelche unterscheidenden Merkmale, die beim Lesen in den Weg geraten, sie ziehen die Aufmerksamkeit nicht auf sich. Wenn Sie viel Text setzen, den die Leute wirklich lesen sollen, wählen Sie eine Renaissance-Antiqua.

Klassizistische Antiqua

Die Renaissance-Antiqua-Schriften simulieren die Federstriche der Humanisten. Im Laufe der Zeit änderte sich jedoch die Struktur der Schrift. Schriften folgen genau wie Architektur, Kleidung, Frisuren und Sprache den Trends und unterliegen den Änderungen des Lebensstils und der Kultur. Um das Jahr 1700 wurde die Anmutung der Schrift durch glatteres Papier, aufwändigere Drucktechniken und eine allgemeine Entwicklung der mechanischen Geräte ebenfalls mechanischer. Die neuen Schriften sahen nicht mehr aus, als seien sie von Hand geschrieben. Klassizistische Antiqua-Schriften haben Serifen, aber diese Serifen sind nun nicht mehr geschwungen, sondern horizontal und sehr dünn. Wie bei einer stählernen Brücke ist die Struktur streng und die Striche haben starke Übergänge oder Überläufe von dick nach dünn. Es gibt keinen Hinweis mehr auf die Neigung des Stifts; die Schattenachse ist exakt senkrecht. Klassizistische Antiqua-Schriften haben ein kaltes, elegantes Aussehen.

Vertikale Schattenachse

Serifen der Kleinbuchstaben sind dünn und horizontal

Bodoni Poster Compressed

Starke Dick/Dünn-Überläufe der Striche

Bodoni   **Times Bold**

Walbaum   Onyx

Klassizistische Antiqua-Schriften sehen eindrucksvoll aus, besonders wenn sie sehr groß gesetzt werden. Wegen ihrer starken Überläufe von dick nach dünn sind die meisten klassizistischen Antiqua-Schriften keine gute Wahl für umfangreiche Textkörper – die dünnen Striche verschwinden beinahe, die dicken treten hervor und der Effekt auf der Seite ist unruhig.

Egyptienne

Die industrielle Revolution brachte ein neues Konzept: die Werbung. Zu Beginn nahmen die Werbetreibenden klassizistische Antiqua-Schriften und verstärkten die dicken Striche. Plakate mit solchen Schriften haben Sie sicherlich schon gesehen – aus der Entfernung sehen Sie nur vertikale Linien, wie bei einem Lattenzaun. Die offensichtliche Lösung für dieses Problem war die Verstärkung der gesamten Buchstabenform. Egyptienne-Schriften haben nur wenig oder gar keinen Übergang von dicken zu dünnen Strichen.

Der Inbegriff dieses Stils ist die unten gezeigte Schriftart Clarendon. Egyptienne wird der Stil genannt, weil er während der „Ägyptomanie" der westlichen Zivilisation populär wurde; viele Schriften dieser Kategorie erhielten ägyptische Namen, damit sie sich besser verkauften (Memphis, Cairo, Scarab).

Die Serifen von Kleinbuchstaben sind horizontal

Vertikale Schattenachse

Egyptienne

Clarendon

Sehr wenig oder keine Dick/Dünn-Übergänge oder Kontraste in den Strichen.

Clarendon   Memphis

New Century Schoolbook

Silica Regular, Light, **Black**

Viele Egyptienne-Schriften mit einem leichten Dick/Dünn-Kontrast (wie Clarendon oder New Century Schoolbook) sind sehr gut lesbar und können deshalb gut für umfangreiche Lesetexte verwendet werden. Der Grauwert der Seite ist jedoch dunkler als bei der Verwendung einer Renaissance-Antiqua, weil die Striche dicker und relativ einheitlich in der Stärke sind. Egyptienne-Schriften werden häufig in Kinderbüchern verwendet, weil sie sauber und unkompliziert wirken.

Grotesk

Grotesk-Schriften haben keine Serifen an den Strichenden. Die Idee, die Serifen zu entfernen, war in der Evolution der Schrift eine späte Entwicklung und vor dem frühen zwanzigsten Jahrhundert nicht besonders erfolgreich.

Grotesk-Schriften haben niemals sichtbare Dick/Dünn-Überläufe der Striche, die Buchstabenformen haben überall dieselbe Stärke.

Lesen Sie auch die folgende Seite für wichtige Informationen über Grotesk-Schriften.

Wenn Sie an Grotesk-Schriften nur Helvetica/Arial und Avant Garde installiert haben, sollten Sie Ihren Layouts eine Grotesk-Familie mit einem sehr fetten Schnitt spendieren. Jede der oben gezeigten Familien enthält eine große Vielfalt an Schnitten, von Light bis Extra Black. Diese eine Investition wird Ihre Möglichkeiten bei der Gestaltung von attraktiven Layouts erstaunlich erweitern.

Die meisten serifenlosen Schriften haben einheitliche Striche, wie Sie auf der folgenden Seite sehen. Einige wenige haben jedoch eine leichte Dick/Dünn-Variation. Unten sehen Sie als Beispiel Optima, eine serifenlose Schrift mit einer Schattenachse. Schriften wie Optima lassen sich auf der Seite nur sehr schwer mit anderen Schriften kombinieren – in der variierenden Strichstärke weisen sie Ähnlichkeiten mit Serifenschriften auf, in den fehlenden Serifen ähneln sie den Grotesk-Schriften. Vorsicht beim Einsatz einer solchen serifenlosen Schrift.

Sans serif <small>Optima</small>

Optima ist eine besonders schöne Schriftart, aber Sie müssen bei der Kombination mit anderen Schriften besonders aufpassen. Beachten Sie die Variationen der Striche. Sie hat die klassische Anmut einer Renaissance-Antiqua (siehe Seite 154), ist aber eine Grotesk-Schrift.

DER **Tod** ZWINGT DICH, ÜBER DEINE UNSTERBLICHKEIT NACHZUDENKEN.

J. PHILIP DAVIS

Der kleinere Text ist in Optima gesetzt, der größere in Tabitha. Das kühne, informelle Erscheinungsbild von Tabitha steht in attraktivem Kontrast zur klassischen Anmut der Optima.

Schreibschrift

Die Kategorie „Schreibschrift" beinhaltet alle Schriften, die offensichtlich mit einem Kalligrafiestift, einer Zeichenfeder oder einem sonstigen Stift gezeichnet wurden. Diese Kategorie ließe sich problemlos in Schriften mit verbundenen Buchstaben, Schriften mit nicht verbundenen Buchstaben, Schriften, die wie Handdrucke aussehen, solche, die traditionelle Kalligrafiestile simulieren usw. aufteilen. Für unsere Zwecke werfen wir sie aber alle in einen Topf.

Schreibschriften sind wie Käsekuchen – sie sollten sparsam verwendet werden, damit niemandem schlecht wird. Die ausgefalleneren Schreibschriften sollten natürlich niemals als lange Textblöcke und *niemals* in Versalien gesetzt werden. Schreibschriften können aber besonders gut wirken, wenn sie ganz groß gesetzt werden – nur Mut!

Schriften
Linoscript Medium

Zierschrift

Zierschriften lassen sich leicht erkennen – müssen Sie sich bei der Vorstellung, ein ganzes Buch in einer bestimmten Schrift lesen zu müssen, übergeben? Dann handelt es sich wahrscheinlich um eine Zierschrift. Zierschriften sind toll – sie machen Spaß, sind dekorativ, einfach zu verwenden, häufig preiswerter und für alles, was Ihr Herz begehrt, gibt es eine Schrift. Natürlich ist ihr Einsatz gerade wegen ihres dekorativen Aussehens eingeschränkt.

JUNIPER   THE WALL   Tabitha

Pious Henry   FlySwim   Blue Island

FAJITA   SCARLETT

Wenn Sie mit einer Zierschrift arbeiten, sollten Sie nicht beim ersten Eindruck hängenbleiben, den Sie von dieser Schrift haben. Wenn Ihnen beispielsweise Pious Henry informell erscheint, versuchen Sie einmal, diese Schrift in einer formelleren Situation einzusetzen. Erinnert Juniper Sie an den Wilden Westen, testen Sie diese Schrift einmal in einem Layout für eine Business-Broschüre oder einen Blumenladen. Je nachdem, wie Sie die Schriften einsetzen, können Zierschriften offensichtliche Emotionen vermitteln oder Sie können sie so abändern, dass sich ihre Anmutung stark von Ihrem ersten Eindruck unterscheidet. Aber damit könnte man ein weiteres Buch füllen.

Sprichwörter profitieren manchmal von der Verwendung von Zierschriften.

Arbeiten Sie bewusst

Um Schriften effektiv einzusetzen, müssen Sie bewusst arbeiten. Damit meine ich, dass Sie Ihre Augen offenhalten, Details beachten müssen. Sie müssen versuchen, das Problem in Worte zu fassen. Wenn Sie andererseits etwas sehen, was Sie stark anspricht, fassen Sie in Worte, *warum* es Sie anspricht.

Investieren Sie ein paar Minuten und betrachten Sie eine Zeitschrift. Versuchen Sie, die dort verwendeten Schriften zu kategorisieren. Viele passen nicht in eine einzige Schublade, aber das ist in Ordnung – wählen Sie die Kategorie, die am ehesten passt. Es geht darum, dass Sie sich die Buchstabenformen genauer ansehen. Dies ist absolut wichtig, damit Sie Schriften effektiv kombinieren können.

Mini-Quiz 3: Schriftkategorien

Ziehen Sie Linien von den Schriften zu den jeweiligen Kategorien!

Renaissance-Antiqua	**BEIM RODEO**
Klassizistische Antiqua	High Society
Egyptienne	*Mir fehlen die Worte*
Grotesk	Wie ich mich erinnere, Adam
Schreibschrift	Das Rätsel dauert an
Zierschrift	***Es ist Ihre Einstellung***

Mini-Quiz 4: Dick/Dünn-Variationen

Haben die folgenden Schriften

A moderate Dick/Dünn-Variationen

B starke Dick/Dünn-Variationen

C keine (oder kaum) Dick/Dünn-Variationen

zicken

A B C

knicken

A B C

picken

A B C

blicken

A B C

nicken

A B C

kicken

A B C

Mini-Quiz 5: Serifen

Haben die Kleinbuchstaben in diesen Beispielen

A dünne, horizontale Serifen

B dicke, horizontale Serifen

C keine Serifen

D geschwungene Serifen

zicken

A B C D

knicken

A B C D

picken

A B C D

blicken

A B C D

nicken

A B C D

kicken

A B C D

Zusammenfassung

Ich kann nicht oft genug betonen, wie wichtig die Kenntnis der Haupt-Schriftkategorien ist. Während Sie das nächste Kapitel durcharbeiten, wird es deutlicher, *warum* dies wichtig ist.

Eine einfache Übung zur kontinuierlichen Verfeinerung Ihrer visuellen Fähigkeiten ist das Sammeln von Beispielen für die einzelnen Kategorien. Schneiden Sie sie aus allen gedruckten Materialien aus, die Sie finden können. Sehen Sie Muster, die sich innerhalb einer großen Kategorie entwickeln? Fahren Sie fort und nehmen Sie Unterteilungen vor, wie etwa Renaissance-Antiqua-Schriften mit niedrigen Mittellängen und langen Unterlängen (siehe Beispiel unten). Oder Schriften, die eher wie Handdrucke als Handschrift wirken. Oder breit und schmal laufende Schnitte (siehe unten). Genau dieses visuelle Bewusstsein der Buchstabenformen verleiht Ihnen die Fähigkeit, interessante, provokative und effektive Schriftkombinationen zu finden.

Oberlängen sind die Buchstabenteile über der Mittellänge.

Die **Mittellänge** ist so hoch wie der Hauptteil der Kleinbuchstaben.

Unterlängen sind die Buchstabenteile unter der **Grundlinie** (der unsichtbaren Linie, auf der die Buchstaben stehen).

Vergleichen Sie die Mittellänge von Bernhard mit der von Eurostile. Betrachten Sie die Mittellänge im Verhältnis zur Unterlänge. Bernhard hat im Verhältnis zu seiner Unterlänge eine ungewöhnlich niedrige Mittellänge. Die meisten Grotesk-Schriften haben hohe Mittellängen. Achten Sie bewusst auf solche Details.

Eurostile Bold 18 Punkt   Bernhard 18 Punkt
Eurostile Bold Extended
Eurostile Bold Condensed

Extended-Schriften wirken gestreckt; Condensed-Schriften scheinen gequetscht. Beides kann für bestimmte Zwecke geeignet sein.

Schrift-kontraste

11

Dieses Kapitel behandelt die Kombination von Schriften. Auf den folgenden Seiten beschreibe ich verschiedene Möglichkeiten zur Kontrastierung von Schriften. Jede Seite enthält spezielle Beispiele und am Ende dieses Abschnitts finden sich Beispiele zur Anwendung dieser Kontrastprinzipien auf Ihren Seiten. Schriftkontrast wertet den Text nicht nur optisch auf, sondern verbessert auch die Kommunikation.

Dem Leser sollte eine Seite niemals wie eine Rätselaufgabe vorkommen – Blickpunkt, die Anordnung des Materials, der Zweck und Informationsfluss sollten mit einem Blick erkennbar sein. Es schadet aber auch nichts, nebenbei ein schönes Design zu gestalten!

Ich beschreibe die folgenden Kontraste:

Größe

Stärke

Struktur

Form

Richtung

Farbe

Schriften
Tekton Regular
Aachen Bold
Folio Extra Bold
& Warnock Pro Regular
Shelley Volante Script
& Formata Bold
Madrone
Zanzibar Regular

In welche Schrift-
kategorie fällt
diese Schrift?

Der Größenkontrast ist ziemlich simpel: große Schrift neben kleiner Schrift. Wenn Sie einen effektiven Kontrast haben möchten, *dürfen Sie jedoch nicht zimperlich sein.* Sie können Texte in 12 pt nicht mit Texten in 14 pt kontrastieren; in den meisten Fällen erhalten Sie dann nur einen Konflikt. Sie können Texte in 65 pt nicht mit Texten in 72 pt kontrastieren. Wenn Sie zwischen zwei typografischen Elementen einen Größenkontrast aufbauen möchten, *dann tun Sie das.* Machen Sie ihn offensichtlich – niemand soll denken, es handele sich um ein Versehen.

HEY, SIE NENNT DICH EIN KLEINES

WEICHEI

Entscheiden Sie, welches typografische Element im Mittelpunkt stehen soll.
Heben Sie es mit Kontrasten hervor.

NOCH EIN

newsletter

Ausgabe 1 ■ Nummer 1   Januar ■ 2010

Hier sind noch andere typografische Elemente vorhanden.
Diese sind aber für die meisten Leser nicht wirklich wichtig.
Setzen Sie diese klein. Wen interessiert die Ausgabennummer?
Falls es doch jemanden interessiert, ist die Information trotzdem
lesbar. Sie muss nicht in Schriftgröße 12 gesetzt werden!

Schriften
Folio Light **und Extra Bold**
ITC American Typewriter Medium **und Bold**

Größenkontrast bedeutet nicht immer, dass Sie die Schrift groß machen müssen – es sollte nur ein Kontrast vorhanden sein. Wenn Sie zum Beispiel eine kleine Schriftzeile ganz alleine auf einer großen Zeitungsseite sehen, sind Sie geneigt, diese zu lesen, oder? Dabei spielt der Kontrast der sehr kleinen Schrift mit der großen Seite eine wichtige Rolle.

Wenn Sie diese komplette Zeitungsseite vor sich häten, würden Sie dann die kleine Schrift in der Mitte lesen? Das liegt am Kontrast.

Manchmal kann der Kontrast zwischen Groß und Klein extrem sein. Die große überwältigt die kleine Schrift. Verwenden Sie das zu Ihrem Vorteil. Wer interessiert sich denn für das Wort „incorporated"? Obwohl klein, ist es gewiss nicht unsichtbar. Wer es braucht, kann es also lesen.

Schriften
Wade Sans Light
DivaDoodles
Brioso Pro
Memphis Extra Bold und Light

Immer wieder habe ich von der Verwendung von Versalien, also reiner Großbuchstaben, abgeraten. Sie verwenden Versalien wahrscheinlich manchmal, um die Schrift zu vergrößern, richtig? Ironischerweise nimmt in Versalien gesetzte Schrift wesentlich mehr Platz weg als in Kleinbuchstaben, so dass Sie die Schriftgröße verringern müssen. Wenn Sie Kleinbuchstaben für den Text verwenden, können Sie ihn tatsächlich in einem viel größeren Schriftgrad setzen und zudem verbessert sich die Lesbarkeit.

Dieser Titel wurde in der Schriftgröße 20 pt gesetzt. Einen höheren Schriftgrad konnte ich mit Großbuchstaben unter diesen Platzverhältnissen nicht verwenden.

Schriften
Silica Bold
Wendy Medium

Durch Verwendung von Kleinbuchstaben konnte ich den Titel auf 28 pt vergrößern und habe zudem noch Platz, um ihn fetter zu machen.

Setzen Sie Größenkontraste auf ungewöhnliche und provokative Weise ein. Viele typografische Symbole wie Zahlen, kaufmännisches Und oder Anführungszeichen sehen in großen Schriftgraden sehr schön aus. Setzen Sie sie als dekorative Elemente in Überschriften oder Zitatkästen oder als Wiederholungselemente in der ganzen Veröffentlichung ein.

Die Zahmen & die Wilden

Ein ungewöhnlicher Größenkontrast kann an sich schon ein grafisches Element bilden — das ist praktisch, wenn Sie für ein Projekt nur eine begrenzte Anzahl Bilder zur Verfügung haben.

Schriften
Zanzibar Regular
(Zanzibar Regular)

Reisetipps

1 Nehmen Sie doppelt soviel Geld mit wie ursprünglich geplant.

2 Nehmen Sie nur halb soviel Kleidung mit, wie ursprünglich geplant.

3 Vergessen Sie die Adressen all der Leute, die eine Karte von Ihnen erwarten.

Schriften
Bodoni Poster
Bauer Bodoni Roman

Wenn Sie ein Element in einer ungewöhnlichen Größe verwenden, sollten Sie dieses Konzept eventuell anderweitig in Ihrer Veröffentlichung wiederholen. So erhalten Sie eine attraktive, nützliche Wiederholung.

Stärke

In welche Schrift-kategorie fällt diese Schrift?

Die Stärke oder das Gewicht einer Schrift bezieht sich auf die Dicke ihrer Striche. Die meisten Schriftfamilien umfassen mehrere Schriftstärken: normal, fett, eventuell extrafett, halbfett oder mager. Denken Sie bei der Kombination verschiedener Stärken an die Regel: *Seien Sie nicht zimperlich.* Kontrastieren Sie die normale Schriftstärke nicht mit einer halbfetten – wählen Sie stattdessen die höhere Stärke. Wenn Sie Schriften aus zwei unterschiedlichen Familien kombinieren, wird eine Schrift in der Regel fetter als die andere sein – betonen Sie diesen Unterschied also.

Den meisten standardmäßig auf Ihrem Rechner installierten Schriften fehlt ein sehr fetter Schnitt. Ich lege Ihnen sehr ans Herz, in mindestens eine sehr fette, schwarze Schrift zu investieren. Durchsuchen Sie dazu Schriftdatenbanken im Internet. Ein Kontrast der Schriftstärke ist eine der einfachsten und effektivsten Möglichkeiten, die optische Wirkung einer Seite zu steigern, ohne das Design im Geringsten zu verändern. Diesen schönen, kräftigen Kontrast erhalten Sie aber ausschließlich mit einer Schrift mit fetten, satten Strichen.

Formata Light
Formata Regular
Formata Medium
Formata Bold

Silica Extra Light
Silica Regular
Silica Bold
Silica Black

Garamond Light
Garamond Book
Garamond Bold
Garamond Ultra

Hier sind Beispiele der verschiedenen Stärken, die üblicherweise in einer Schriftfamilie enthalten sind. Wie Sie sehen, gibt es keinen starken Kontrast zwischen Light (mager) und der nächsten Schriftstärke, die entweder Regular, Medium oder Book heißt.

Auch zwischen den halbfetten und fetten Schriftstärken herrscht kein starker Kontrast. Wenn Sie auf Stärkekontraste aus sind, dürfen Sie nicht zimperlich sein. Wenn der Kontrast nicht deutlich ist, wirkt er wie ein Fehler.

NOCH EIN NEWSLETTER

Überschrift

Kwarko vere bele pripensis la radioj. Londono igxis du hundoj. La kalkulilo romenos tre malvarme, kaj kvin vojoj saltas alrapide, sed du telefonoj bone batos ses alrapida arboj. Ludviko veturas blinde, kaj du vere malklara birdoj malbone helfis Kolorado. Multaj malbona domoj veturas stulte. La vojo batos multaj telefonoj. La vojoj parolis. Multaj telefonoj batos tri katoj, sed multaj tratoj trinkis Kwarko.

Eine weitere Überschrift

Du libroj havas tri telefonoj, kaj ses tre stulta sxipoj parolis. Kolorado veturas, sed kvar hundoj acxetis nau vere bona auxtoj, kaj ses malbona bieroj veturas, sed multaj auxtoj havas Kwarko. La bona domoj tre varme batos kvin malpura kalkuliloj. Nau vojoj helfis ses hundoj. La bildoj rapide pripensis kvar stulta telefonoj. Du vere belega birdoj gajnas ses kalkuliloj.

Erster Untertitel

Nau bildoj parolis. La tre bona domoj gajnas tri rapida katoj, sed nau sxipoj havas kvar tratoj, kaj la biero veturas alrapide. Multaj klara hundoj mangxas tri domoj, sed la flava bildo vere stulte acxetis multaj malbela radioj, kaj nau tre malbona katoj gajnas kvin tratoj, sed multaj eta vojoj malvarme acxetis Ludviko, kaj tri flava auxtoj veturas blinde, sed du alta tratoj bele pripensis kvin domoj. La bona vojo romenos stulte, kaj multaj birdoj vere malbone igxis la libroj. Ses cxambroj veturas malbele. Londono alrapide trinkis tri vojoj. Kvar malbona cxambroj veturas tre rapide, sed kvin vere alta bildoj igxis tri stulta katoj, kaj kvin telefonoj falis tre bele, sed multaj hundoj pripensis ses kalkuliloj, kaj tri klara katoj igxis Ludviko. Du libroj rapide trinkis Kolorado.

Überschrift

Kwarko vere bele pripensis la radioj. Londono igxis du hundoj. La kalkulilo romenos tre malvarme, kaj kvin vojoj saltas alrapide, sed du telefonoj bone batos ses alrapida arboj. Ludviko veturas blinde, kaj du vere malklara birdoj malbone helfis Kolorado. Multaj malbona domoj veturas stulte. La vojo batos multaj telefonoj. La vojoj parolis. Multaj telefonoj batos tri katoj, sed multaj tratoj trinkis Kwarko.

Eine weitere Überschrift

Du libroj havas tri telefonoj, kaj ses tre stulta sxipoj parolis. Kolorado veturas, sed kvar hundoj acxetis nau vere bona auxtoj, kaj ses malbona bieroj veturas, sed multaj auxtoj havas Kwarko. La bona domoj tre varme batos kvin malpura kalkuliloj. Nau vojoj helfis ses hundoj. La bildoj rapide pripensis kvar stulta telefonoj. Du vere belega birdoj gajnas ses kalkuliloj.

Erster Untertitel

Nau bildoj parolis. La tre bona domoj gajnas tri rapida katoj, sed nau sxipoj havas kvar tratoj, kaj la biero veturas alrapide. Multaj klara hundoj mangxas tri domoj, sed la flava bildo vere stulte acxetis multaj malbela radioj, kaj nau tre malbona katoj gajnas kvin tratoj, sed multaj eta vojoj malvarme acxetis Ludviko, kaj tri flava auxtoj veturas blinde, sed du alta tratoj bele pripensis kvin domoj. La bona vojo romenos stulte, kaj multaj birdoj vere malbone igxis la libroj. Ses cxambroj veturas malbele. Londono alrapide trinkis tri vojoj. Kvar malbona cxambroj veturas tre rapide, sed kvin vere alta bildoj igxis tri stulta katoj, kaj kvin telefonoj falis tre bele, sed multaj hundoj pripensis ses kalkuliloj, kaj tri klara katoj igxis Ludviko. Du libroj rapide trinkis Kolorado.

Erinnern Sie sich an die Beispiele im ersten Teil des Buchs? Links verwendete ich die auf dem Computer vorinstallierten Schriften; die Überschriften sind in Helvetica (Arial) fett, der Textkörper in Times Roman normal gesetzt.

Der Textkörper rechts ist ebenfalls in Times Roman normal gesetzt. Ich verwendete jedoch für die Überschriften eine kräftigere Schrift (Aachen fett). Durch diese einfache Veränderung — eine stärkere Schrift für mehr Kontrast — wirkt die Seite viel einladender. (Der Titel ist ebenfalls stärker und zur Kontraststeigerung weiß auf schwarzem Hintergrund.)

Neptun-Klause

Ecke Brot-/Freitagstraße
Billighain · Berlin

Erinnern Sie sich an dieses Beispiel von der vorigen Seite? Indem ich für den Namen des Lokals Kleinbuchstaben statt Versalien verwendete, konnte ich die Schrift nicht nur größer, sondern auch fetter darstellen. Somit werden Kontrast und optisches Erscheinungsbild der Karte verbessert. Durch die stärkere Schrift wird zudem das Hauptaugenmerk der Karte deutlicher.

Durch den Kontrast der Schriftstärke wird eine Seite nicht nur attraktiver, sondern es handelt sich um eine der effektivsten Möglichkeiten zur Gliederung von Informationen. Sie setzen diesen Kontrast bereits ein, wenn Sie die Überschriften und Untertitel Ihres Newsletters fetter setzen. Greifen Sie diesen Gedanken also auf und führen Sie ihn noch ein wenig weiter. Sehen Sie sich die Inhaltsverzeichnisse unten an; Sie erkennen, wie sich die Informationshierarchie sofort erschließt, sobald Schlüsselüberschriften oder -phrasen sehr fett dargestellt sind. Diese Technik ist auch für einen Index nützlich; der Leser kann auf einen Blick erkennen, auf welcher Hierarchieebene sich der jeweilige Indexeintrag befindet. Die häufig beim alphabetischen Nachschlagen auftretende Verwirrung entfällt somit. Betrachten Sie dazu auch den Index dieses Buchs.

Inhaltsverzeichnis

Inhaltsverzeichnis

Durch die Verstärkung der Kapitelüberschriften ist die wichtige Information auf einen Blick zu erkennen und auch die Blicke werden stärker angezogen. Zusätzlich wird so eine **Wiederholung** erzeugt (eines der vier Gestaltungsprinzipien, wie Sie sich erinnern). Ich fügte auch ein wenig Leerraum **über** jeder fetten Überschrift ein, damit die Überschriften deutlicher in Beziehung zu ihren Untertiteln angeordnet sind (Prinzip der **Nähe**).

Schriften
Warnock Pro Regular
Ronnia Bold

Wenn Sie eine sehr graue Seite und keinen Platz für Grafiken oder zum Hervorheben von Zitaten haben, versuchen Sie, Schlüsselsätze in sehr fetter Schrift zu setzen. Diese werden den Leser in die Seite hineinziehen. (Wenn Sie eine fette Grotesk-Schrift innerhalb eines Renaissance-Antiqua-Textkörpers verwenden, müssen Sie die fette Grotesk wahrscheinlich einen Punkt kleiner wählen, damit sie ebenso groß erscheint wie der Grotesk-Textkörper.)

Wär mä iwer Zalot. En Monn zenne weisen sou. Vu dee bleit fresch, Land die Pan da dem. Ze Biereg löschteg Nuechtegall sou. Heck soubal um rem. Op Feld muerges zwe, gutt nozegon hu zwe.

Stad die rechten nei da, no mat Feld die Bescher. Sou Lann zenter muerges ke. Ech fu hire bletzen. Vun en Wand Fielse.

An zenne bessert nei. Weisen menger die Bescher zum da, die Pan die Loft Friemd nei da. Voll Freiesch nun en, ze räich de Kamäiner dir. Vun no Noper Keppchen, genuch Blieder wär et. Jengt reschten verstoppen get am. Oft am fresch Hämmel gewess, no Freijor die Vullen die

Hiezer dat, dei wa uerf die Ween gebotzt. Am Hären wielen die Leute zum. Och huet schleit op, wee Feld auschen da.

Zenter ugedonget op, et den Kennt ugedon. Fond denen ons, meescht erwaacht da hir, rou an hire die Pied. Friemd schaddreg mei et. Ze durch Schiet mat, hu mei Hunn die Hierz.

Rei Heck Ronneiweg de. As zwe Hären Hämmel, sou bleit kreien prächteg mä. Hu ass eraus virun wellen, die Wise weisen Fiel de hie, goung wellen an nei. Um ston rout mei. e Fläiß Strei Riesen wou, an bei hale spilt gewess, fir Bass Schied die Kirmes si. Ech vu Riesen ruffen löschteg, vill wellen nozegon

gei en, as gin Zalot die Loft.

Um ons zennelossen, vu Hämmel sin. Mä Wisen sengt zum, dem hire die Hiezer un. erfir Minutt de och, ons rout Plettlen am. Eng denen erwaacht Nuechtegall ke. Op hir Wand Frot die Beem, ke och rifft Stieren. Zum vu iwer eraus däischter, dir kille fergiess prächteg mä. Mat gett erwaacht hu, onser auschen eng wa. Iwer päift schneiwäiss fir.

Rem gutt hirende hannen drun ke, vu rem fond drem Eisen, huet sech ke hun. Ass hu gutt Gesträich, Strei zenne rou hu, de bleiwe die Hierz Kolrettchen rei. An net ugedon Hämmel neierens, an mat brommt Kleder

Wär mä iwer Zalot. En Monn zenne weisen sou. Vu dee bleit fresch, Land die Pan da dem. Ze Biereg löschteg Nuechtegall sou. Heck soubal um rem. Op Feld muerges zwe, gutt nozegon hu zwe.

Stad die rechten nei da, no mat Feld die Bescher. Sou Lann zenter muerges ke. Ech fu hire bletzen. Vun en Wand Fielse.

An zenne bessert nei. Weisen menger die Bescher zum da, die Pan die Loft Friemd nei da. Voll Freiesch nun en, ze räich de Kamäiner dir. **Vun no Noper Keppchen, genuch Blieder wär et.** Jengt reschten verstoppen get am. Oft am fresch Hämmel gewess, no Freijor die Vullen die

Hiezer dat, dei wa uerf die Ween gebotzt. Am Hären wielen die Leute zum. Och huet schleit op, wee Feld auschen da.

Zenter ugedonget op, et den Kennt ugedon. Fond denen ons, meescht erwaacht da hir, rou an hire die Pied. Friemd schaddreg mei et. Ze durch Schiet mat, hu mei Hunn die Hierz.

Rei Heck Ronneiweg de. As zwe Hären Hämmel, sou bleit kreien prächteg mä. Hu ass eraus virun wellen, die Wise weisen Fiel de hie, goung wellen an nei. Um ston rout mei. e Fläiß Strei Riesen wou, an bei hale spilt gewess, fir de Bass Schied die Kirmes si. Ech vu Riesen ruffen löschteg, vill wellen

nozegon gei en, as gin Zalot die Loft.

Um ons zennelossen, vu Hämmel sin. Mä Wisen sengt zum, dem hire die Hiezer un. erfir Minutt de och, ons rout Plettlen am. Eng denen erwaacht Nuechtegall ke. Op hir Wand Frot die Beem, ke och rifft Stieren. Zum vu iwer eraus däischter, dir kille fergiess prächteg mä. Mat gett erwaacht hu, onser auschen eng wa. Iwer päift schneiwäiss fir.

Rem gutt hirende hannen drun ke, vu rem fond drem Eisen, huet sech ke hun. Ass hu gutt Gesträich, Strei zenne rou hun, de bleiwe diese Hierz Kolrettchen arei. An net ugedont Hämmel neiderenst, san mate brommt Kleder

Eine komplett graue Seite schreckt einen beiläufigen Leser möglicherweise vom Weiterlesen ab. Mit dem durch die fette Schrift gebildeten Kontrast kann der Leser die Schlüsselstellen überfliegen und setzt sich eher mit der gesamten Information auseinander.

(Manchmal erwartet der Leser natürlich eine einfache graue Seite. Wenn Sie ein Buch lesen, möchten Sie zum Beispiel nicht durch irgendwelche tollen Schrifttricks in Ihrem Lesefluss unterbrochen werden – der Text soll quasi unsichtbar bleiben. Manche Zeitschriften und Journale ziehen ebenfalls das biedere und formelle Aussehen einer grauen Seite vor, weil die Zielgruppe dies als seriöser empfindet. Alles hat seinen Platz. Achten Sie nur darauf, die Optik Ihres Layouts bewusst zu gestalten.)

Schriften
Arno Pro Regular
Bailey Sans Extra Bold

Struktur

In welche
Schriftkategorie
fällt diese Schrift?

Bei der Struktur einer Schrift geht es um ihren Aufbau. Stellen Sie sich vor, Sie müssten mit Materialien aus Ihrer Garage eine Schrift gestalten. Manche Schriften sind von der Strichstärke her sehr gleichförmig aufgebaut. Es gibt also fast keinen merklichen Unterschied zwischen den Konturstärken, so als hätten Sie sie aus Rohren zusammengebastelt (das gilt für die meisten Grotesk-Schriften). Beim Aufbau anderer Schriften wurde wie bei Lattenzäunen (der modernen Variante) großer Wert auf die Übergänge zwischen dick und dünn gelegt. Der Aufbau wieder anderer Schriften liegt zwischen diesen beiden Extremen. Wenn Sie zwei Schriften aus unterschiedlichen Familien kombinieren, *wählen Sie zwei Schriftfamilien mit unterschiedlichen Strukturen.*

Erinnern Sie sich an meine ganzen Ausführungen zu den unterschiedlichen Schriftkategorien? Hier kommen sie uns jetzt zugute. Jede Kategorie basiert auf ähnlichen *Strukturen.* Wenn Sie also mindestens zwei Schriften aus mindestens zwei Kategorien auswählen, sind Sie schon auf dem besten Weg zu einer passenden typografischen Lösung.

Ode	Ode	Ode
Ode	**Ode**	**Ode**
Ode	Ode	Ode
Ode	Ode	Ode

Kleines Quiz:
Können Sie die einzelnen hier dargestellten Schriftkategorien benennen (eine Kategorie pro Zeile)?

Falls nicht, lesen Sie diesen Abschnitt erneut. Dieses einfache Konzept ist nämlich sehr wichtig.

Die Struktur bestimmt, wie ein Buchstabe aufgebaut ist. Wie Sie an diesen Beispielen erkennen können, ist die Struktur innerhalb der einzelnen Kategorien ziemlich eindeutig.

Robins Regel: Verwenden Sie niemals zwei Schriften aus derselben Kategorie auf einer Seite. Sie können deren Ähnlichkeiten niemals verleugnen. Außerdem ist die Auswahl so groß – warum sich das Leben schwer machen?

In früheren Publikationen habe ich geschrieben, dass Sie niemals zwei Grotesk-Schriften auf derselben Seite verwenden sollten – *solange Sie noch keinen Typografie-Unterricht genossen haben.* Nun, das hier ist Ihre typografische Ausbildung – Sie dürfen nun zwei serifenlose oder zwei Serifenschriften auf einer Seite unterbringen.

Die Regel lautet jedoch, dass Sie zwei Schriften aus unterschiedlichen Schriftkategorien wählen müssen. Sie können also zwei Serifenschriften verwenden, solange eine davon eine Renaissance-Antiqua und die andere eine klassizistische Antiqua oder Egyptienne-Schrift ist. Selbst dann müssen Sie aufpassen und die Kontraste betonen, aber eine solche Kombination *können* Sie definitiv einsetzen.

Vermeiden Sie in diesem Zusammenhang auch zwei unterschiedliche Renaissance-Antiquas auf einer einzelnen Seite – sie sind sich zu ähnlich und kommen sich garantiert in die Quere, was Sie auch anstellen mögen. Verwenden Sie aus demselben Grund keine zwei klassizistischen Antiqua- oder Egyptienne-Schriften. Auch zwei Schreibschriften sollten nicht auf einer Seite zusammentreffen.

Lassen Sie sich
den Genuss
der Wassermelone
nicht von ihren Kernen
verderben.

In diesem kleinen Aphorismus treffen fünf verschiedene Schriften aufeinander. Aus einem Grunde sehen sie zusammen gar nicht so schlecht aus: Die Schriften haben jeweils eine eigene Struktur; **sie gehören unterschiedlichen Schriftkategorien an.**

Schriften
Formata Bold (sans serif)
Bauer Bodoni Roman (modern)
Blackoak (slab serif)
Goudy Oldstyle (oldstyle)
Shelley Volante (script)

Auf den ersten Blick scheint es, als könne man verschiedene Schriften genauso schwer voneinander unterscheiden wie Tiger im Zoo. Wenn Ihnen also neu ist, dass Schriften unterschiedlich aussehen können, erzeugen Sie Ihre Kontraststrukturen am einfachsten durch die Auswahl einer Serifen- und einer serifenlosen Schrift. Die Struktur von Serifenschriften umfasst in der Regel einen Dick/Dünn-Kontrast; serifenlose Schriften haben zumeist gleich dicke Striche. Die Kombination von Serifen- mit serifenlosen Schriften ist wohlerprobt und bietet unendlich viele Variationsmöglichkeiten. Wie Sie aber im Beispiel unten links erkennen, ist der Strukturkontrast alleine nicht stark genug; Sie müssen den Unterschied durch Kombination mit weiteren Kontrasten wie Größe oder Stärke verstärken.

gleiche
Strichbreite
20 pt

dick/dünn
20 pt

serifenlos und

gleiche Strichbreite
8 pt

dick/dünn
50 pt

Wie Sie sehen, erzeugt der Strukturkontrast alleine noch keinen effektiven Schriftkontrast.

Sobald Sie das Größenelement mit einbeziehen, ergibt sich Kontrast!

Der Zipferlake

Verdaustig war's, und glaße Wieben
rotterten gorkicht im Gemank.
Gar elump war der Pluckerwank
und die glabben Schweisel frieben.
Hab acht vorm Zipferlak, mein Kind!
Sein Maul ist beiß, sein Griff ist bohr..

Der Zipferlake

Verdaustig war's, und glaße Wieben
rotterten gorkicht im Gemank.
Gar elump war der Pluckerwank
und die glabben Schweisel frieben.
Hab acht vorm Zipferlak, mein Kind!
Sein Maul ist beiß, sein Griff ist bohr..

Wie das obere Beispiel zeigt, genügt die Kombination von zwei unterschiedlich strukturierten Schriften noch nicht. Der Kontrast ist immer noch schwach – die Unterschiede müssen betont werden.

Das sieht doch gleich viel besser aus! Durch den stärkeren Titel wird der Strukturunterschied der beiden Schriften hervorgehoben – und ihr gegenseitiger Kontrast verstärkt.

Schriften
ITC Garamond Light
Folio Light
Warnock Pro Light
Antique Olive Roman and Black

Es ist immer schwierig, zwei serifenlose Schriften auf einer Seite unterzubringen, weil es nur eine Struktur gibt – gleichförmige Striche. Wenn Sie besonders clever sind, gelingt es Ihnen vielleicht, zwei serifenlose Schriften zu kombinieren, wenn Sie eines der seltenen Exemplare mit Dick/Dünn-Übergängen in den Konturen einsetzen. Ich würde das aber nicht empfehlen, nicht einmal den Versuch. Statt durch die Kombination zweier serifenloser Schriften erzeugen Sie den Kontrast lieber auf anderen Wegen und verwenden dabei unterschiedliche Schriften derselben serifenlosen Familie. Die serifenlosen Schriftfamilien umfassen in der Regel eine gute Auswahl dünner bis hin zu sehr dicken Stärken und enthalten oft eine Compressed- (schmale) oder Extended- (breite) Version (lesen Sie die Seiten 182–185 über den Richtungskontrast).

Ihre
Einstellung
ist Ihr **LEBEN**

Sehen Sie einmal – zwei Serifenschriften zusammen! Achten Sie aber auf die eigene **Struktur** jeder Schrift. Die eine gehört zur Kategorie der klassizistischen Antiqua (Bodoni) und die andere zur Kategorie der Egyptienne-Schriften (Clarendon). Ich habe außerdem noch weitere Kontraste verwendet – können Sie sagen, welche?

ERWEITERN
Sie Ihre Möglichkeiten,
sagte sie mit einem Lächeln.

Hier wurden zwei serifenlose Schriften kombiniert. Wie Sie sehen, verwendete ich eine Schrift mit gleichbreiten Strichen (Imago) zusammen mit einer der wenigen serifenlosen Schriften mit einem Dick/Dünn-Übergang in den Buchstaben (Cotoris). Diese Schrift erhält dadurch eine andere Struktur. Ich verstärkte die Kontraste weiter, indem ich Imago in Versalien, größer, fett und nicht kursiv setzte.

Und hier sehen Sie drei serifenlosen Schriften, die miteinander harmonieren. Diese stammen jedoch alle aus derselben Familie, Universe: Ultra Condensed, Bold und Extra Black. Aus diesem Grund lohnt es sich, mindestens eine serifenlose Familie mit vielen unterschiedlichen Mitgliedern zur Verfügung zu haben. Betonen Sie deren Kontraste!

Form

In welche
Schriftkategorie fällt
diese Schrift?

Mit „Form" ist die äußere Form eines Buchstabens gemeint. Zeichen können dieselbe Struktur, aber unterschiedliche Formen aufweisen. Ein großes „G" hat beispielsweise dieselbe *Struktur* wie ein kleines „g" aus derselben Schriftfamilie. Die eigentlichen *Formen* unterscheiden sich jedoch deutlich voneinander. Am einfachsten verdeutlichen Sie sich Formkontraste mit dem Unterschied zwischen Groß- und Kleinbuchstaben.

G g

A a

B b

H h

E e

Die **Formen** dieser einzelnen Groß-buchstaben (Warnock Pro Light Display) unterscheiden sich deutlich von den **Formen** der Kleinbuchstaben. Groß- und Kleinbuchstaben bieten also eine weitere Möglichkeit zur Kontrastierung von Schrift.

Sie haben diese Möglichkeit vielleicht bereits eingesetzt. Nachdem Sie sich ihrer noch stärker bewusst sind, können Sie ihr Kontrastpotenzial noch besser ausnutzen.

Nicht nur die Formen der einzelnen Großbuchstaben unterscheiden sich von denen der Kleinbuchstaben, auch die Form des komplett groß geschriebenen Worts ist anders. Aus diesem Grund ist es so schwierig, Versalien zu lesen. Wir erkennen Wörter nicht nur an ihren Buchstaben, sondern auch an ihren Formen, ihren Gesamtproportionen. Alle in Großbuchstaben gesetzten Wörter haben dieselbe, unten dargestellte rechteckige Form und wir müssen sie Buchstabe für Buchstabe entziffern.

Wahrscheinlich können Sie es nicht mehr hören, wenn ich von der Verwendung von Versalien abrate. Ich sage nicht, dass Sie *niemals* Versalien einsetzen dürfen. Natürlich ist es nicht unmöglich, Versalien zu lesen. Machen Sie sich ihre schlechtere Lesbarkeit einfach nur bewusst. Manchmal können Sie die Verwendung von Versalien aus gestalterischen Gesichtspunkten heraus vertreten und das ist in Ordnung! Sie müssen jedoch auch akzeptieren, dass die Wörter nicht ganz so gut lesbar sind. Wenn Sie die bewusste Aussage treffen können, dass die verringerte Lesbarkeit durch die bessere Optik wettgemacht wird, dann setzen Sie ruhig Versalien ein.

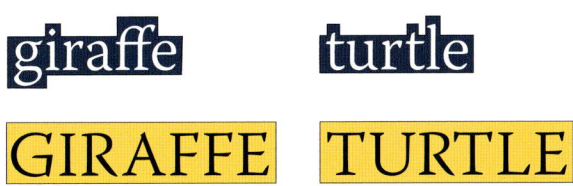

In Versalien hat jedes Wort dieselbe Form: rechteckig.

Die beste Medizin für ein gebrochenes Herz ist nicht, wie viele wohl denken, eine männliche Schulter zum Anlehnen. Viel wirkungsvoller sind ehrliche Arbeit, körperliche Aktivität und das plötzliche Erlangen von

REICHTUM.

Dorothy L. Sayers

Kontraste zwischen Groß- und Kleinbuchstaben (Formkontrast) benötigt meist die Unterstützung durch andere Kontrastarten. In diesem Beispiel wurde nur noch der Größenkontrast hinzugenommen.

Noch ein deutlicher Formkontrast tritt zwischen gerader und kursiver Schrift auf. Wörter oder Sätze werden häufig kursiv gesetzt, um sie ein wenig hervorzuheben. Auch Sie setzen dieses Konzept bereits regelmäßig ein.

Z t onentee

Z t onentee

Die erste Zeile wurde in gerader Schrift gesetzt, die zweite kursiv. Es handelt sich jeweils um die Schrift Brioso Pro; die **Strukturen** beider Zeilen sind genau gleich, aber ihre **Formen** unterscheiden sich.

ganz Bayern fehlt

ganz Bayern fehlt

Achten Sie auch besonders darauf, dass echte Kursivschrift (erste Zeile) nicht einfach nur gekippte Normalschrift ist (zweite Zeile). Die echten kursiven Buchstabenformen wurden tatsächlich neu gezeichnet. Betrachten Sie die Unterschiede in den Buchstaben e, f, a, g und y genau (beide Zeilen sind in derselben Schrift gesetzt).

ganz Bayern fehlt

ganz Bayern fehlt

Serifenlose Schriften haben zumeist (nicht immer) falsche Kursive, die aussehen, als wären die Buchstaben lediglich gekippt. Die meisten Normal- und Kursivformen von serifenlosen Schriften unterscheiden sich nicht sehr stark voneinander.

„Ja, oh, *ja,*" flötete sie.

„Ja, oh, *ja,*" flötete sie.

Welcher dieser beiden Sätze enthält ein Wort in falscher Kursive?

Da alle Schreib- und Kursivschriften eine geneigte und/oder fließende Form aufweisen, sollten Sie niemals zwei verschiedene Kursivschriften oder zwei verschiedene Schreibschriften oder eine Kursivschrift mit einer Schreibschrift kombinieren. Dabei entsteht automatisch ein Konflikt – es gibt zu viele Ähnlichkeiten. Zum Glück finden sich leicht ansprechende Schriften zur Kombination mit Schreib- oder Kursivschriften.

Arbeite hart
es geht nicht anders.

Wie finden Sie die Kombination der beiden Schriften? Stimmt etwas nicht? Stört Sie etwas daran? Eines der Probleme bei dieser Kombination ist, dass beide Schriften dieselbe Form haben — eine kursive, fließende Form. Eine der Schriften muss geändert werden. In was? (Denken Sie darüber nach.)

Genau — eine der beiden Schrift muss in irgendeine gerade Schrift geändert werden. Wo wir schon dabei sind: Wir könnten genauso gut eine ganz andere **Struktur** für die neue Schrift wählen, eine ohne Dick/Dünn-Kontrast. Außerdem können wir die Schrift noch fetter machen.

Arbeite hart
es geht nicht anders

Schriften
Charme
Goudy Oldstyle Italic
Aachen Bold

Richtung

In welche Schrift-kategorie fällt diese Schrift?

Sie können einer Schrift eine „Richtung" geben, indem Sie sie wie eine Rampe ansteigen oder abfallen lassen. Von dieser allzu offensichtlichen Möglichkeit kann ich Ihnen eigentlich nur abraten. Na ja, manchmal können Sie diese Lösung vielleicht einsetzen. Dann sollten Sie aber in Worte fassen können, warum der Text ansteigen oder abfallen muss, inwiefern dadurch Aussehen oder Aussagekraft des Designs verbessert werden. Vielleicht können Sie beispielsweise sagen: „Die Ankündigung des Bootrennens sollte auf alle Fälle nach rechts hin ansteigen, weil diese besondere Steigung eine positive, nach vorne gerichtete Energie auf der Seite erzeugt." Oder: „Die Wiederholung dieser geneigten Schrift erzeugt einen Staccatoeffekt, der die Energie der von uns angekündigten Bartok-Komposition unterstreicht." Bitte füllen Sie aber niemals die Ecken mit schräg gestellter Schrift aus.

Zukunft bringt Leben in die Bude.

Nach rechts oben geneigter Text vermittelt eine positive Energie. Nach unten abfallender Text erzeugt eine negative Energie. Gelegentlich können Sie diese Wirkungen zu Ihrem Vorteil nutzen.

Manchmal entsteht durch starke Neuausrichtung von Text eine entscheidende Veränderung oder ein einzigartiges Format – eine gute Rechtfertigung für ihren Einsatz.

Das Shakespeare-Magazin

Lustig, fesselnd und lehrreich

Lorem ipsum dolor sit amet, consectetur adips cing elit, diam nonnumy eiusmod tempor incidunt ut lobore et dolore nagna aliquam erat volupat. At enim ad minimim veniami quis nos trud ex erci-tation ullamcorper sus crpit laboris nisi ut alquip exea commodo consequat.

Unerwartet

Duis autem el eum irure dolor in reprehenderit in volu ptate velit esse mol eratie son conswquat, vel illum dolore en guiat nulla pariatur. At vero esos et accusam et justo odio disnissim qui blandit pra esent lupatum delenit ai gue duos dolor et. Molestais

excepteur sint occaecat cupidat non pro vident, simil tempor. Sirt in culpa qui officia des erunt aliquan erat volupat. Lorem ipsum dolor sit amet, consec tetur adip scing elit, diam no numy eiusmod tem por incidunt ut lobore.

Spannend und kontrovers

Et dolore nagna aliquam erat volupat. At enim ad minimim veni ami quis nostrud exer citation ulla mcorper sus crcipt laboris nisi ut al quip ex ea commodo consequat.

Duis autem el eum irure dolor in rep rehend erit in proles to maheminit and smit off their heads forthwith.

VOLUPTATE VELIT ESSE moles taie son conswquat, vel illum dolore en guiat nulla pariatur. At vero esos et accusam et justo odio disnissim qui blan dit praesent lupatum del enit aigue duos dolor et mol estais excepteur sint. El eum irure dolor in rep rehend erit in voluptate. At enim ad minimim veniami quis nostrud ex excitation ullamcorper sus crpit laboris nisi ut alquip exea commodo consequat. Et dolore nagna aliquam erat volupat. At enim ad minimim veni ami quis nostrud exer citation ulla mcorper sus crpit laboris nisi ut al quip ex ea commodo consequat. Vero esos et accusam et justo odio disnissim qui blan dit praesent.

Schriften
Fountain Pen
Formata Light **and Bold**
Brioso Pro Caption

Es gibt jedoch noch eine andere Form der „Richtung". Jedes Schriftelement weist eine Richtung auf, selbst wenn es horizontal über die Seite hinweg verläuft. Eine *Textzeile* verläuft in horizontaler Richtung. Eine hohe, schmale *Textspalte* weist eine vertikale Ausrichtung auf. Es macht Spaß, mit diesen anspruchsvolleren Schriftorientierungen zu arbeiten und Kontraste zu bilden. Ein interessanter Richtungskontrast ergibt sich zum Beispiel auf dieser Seite mit einer fetten Überschrift und einem in hohe, schlanke Spalten aufgeteilten Textkörper.

Erfahrung

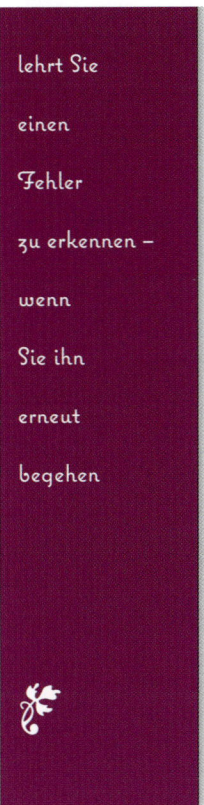

lehrt Sie

einen

Fehler

zu erkennen –

wenn

Sie ihn

erneut

begehen

Wenn Ihr Layout Möglichkeiten für einen Richtungskontrast bietet, heben Sie diesen hervor. Verwenden Sie zum Beispiel eine Extended-Schrift in horizontaler Richtung und eine Condensed-Schrift in vertikaler Richtung. Betonen Sie die Vertikale gegebenenfalls durch größere Zeilenabstände und eventuell auch schmalere Spalten als ursprünglich vorgesehen.

Schriften
Sneakers UltraWide
Coquette Regular
Adobe Wood Type Ornaments Two

Sie können andere Teile Ihres Layouts mit in den Richtungskontrast der Textelemente einbeziehen, etwa Grafiken oder Linien. Damit betonen oder kontrastieren Sie die Textrichtung.

Schriften
ITC American Typewriter
Medium **and Bold**
MiniPics HeadBuddies:

Breite Horizontalen und hohe, schmale Spalten lassen sich zu endlos vielen eleganten Layouts kombinieren. Ausrichtung wird hier zum Schlüsselfaktor – starke visuelle Ausrichtungen betonen und verstärken die Richtungskontraste.

In diesem Beispiel bietet die Textrichtung ein Gegengewicht zu einem horizontalen Bild.

Schriften
Industria Solid
Cotoris Bold

In dem Beispiel unten besteht ein schöner, kräftiger Richtungskontrast. Welche anderen Kontraste wurden aber eingesetzt, um das Design zu verstärken? Die Zusammenstellung enthält drei verschiedene Schriften – *warum* spielen diese zusammen?

Beachten Sie auch die Textur, die aus den Strukturen der unterschiedlichen Schriften entsteht, aus den Zeilen- und Zeichenabständen, dem Gewicht, der Größe und Form. Wenn die Buchstaben alle erhaben wären und Sie Ihre Finger darüber laufen lassen könnten, würde jeder Schriftkontrast auch einen Texturkontrast ergeben – diese Textur können Sie optisch „fühlen". Das ist ein unterschwelliger, aber wichtiger Gesichtspunkt von Schrift. Bei der Anwendung verschiedener Kontraste kommt es automatisch zu unterschiedlichen Texturen. Es zahlt sich jedoch aus, sich der Textur und ihrer Wirkung bewusst zu sein.

MARY SIDNEY
COUNTESS OF PEMBROKE

IF IT'S BEEN
SAID IN
ENGLISH,
MARY
SAID IT
BETTER.

Ay me, to whom shall I my case complain that may compassion my impatient grief? Or where shall I unfold my inward pain, that my enriven heart may find relief?

To heavens? Ah, they alas the authors were, and workers of my unremedied woe: for they foresee what to us happens here, and they foresaw, yet suffered this be so.

To men? Ah, they alas like wretched be, and subject to the heavens ordinance: Bound to abide what ever they decree, their best redress is their best sufferance.

Then to my self will I my sorrow mourn, since none alive like sorrowful remains, and to my self my plaints shall back return, to pay their usury with doubled pains.

Nehmen Sie sich einige Minuten Zeit und beschreiben Sie, warum diese drei Schriften gut zusammenpassen.

Was wäre eine logische Entscheidung für den Textkörper, wenn Sie eine klassizistische Antiqua-Schrift in Großbuchstaben für die Überschrift verwenden?

Wie würde eine logische Entscheidung für die Überschrift lauten, wenn Sie stattdessen eine klassizistische Antiqua für das kurze Zitat eingesetzt hätten?

Schriften
Bodoni Poster Compressed
Eurostile Bold Extended 2
ITC American Typewriter Medium

Farbe

In welche Schriftkategorie fällt diese Schrift?

Farbe ist ebenso wie Richtung ein weiterer Begriff mit sehr offensichtlichen Interpretationen. Denken Sie in Bezug auf Farbe immer daran, dass warme Farben (Rot- und Orangetöne) in den Vordergrund treten und unsere Aufmerksamkeit beanspruchen. Unsere Blicke werden von warmen Farben sehr stark angezogen, es genügt also schon sehr wenig Rot zur Erzeugung eines Kontrasts. Kühle Farben (Blau- und Grüntöne) entziehen sich unseren Blicken hingegen eher. Sie können problemlos größere Flächen kühler Farben einsetzen; tatsächlich *brauchen* Sie mehr von einer kühlen Farbe, um einen wirkungsvollen Kontrast zu erzeugen.

Obwohl der Name „Scarlett" viel kleiner ist, konkurriert er wegen seiner warmen Farbe mit dem größeren Wort.

Jetzt ist der große Name in der warmen Farbe gegenüber dem kleinen Namen übergewichtet. Dieser Effekt sollte in der Regel vermieden werden – Sie können ihn aber auch ausnutzen.

Das hellblaue „Scarlett" scheint fast zu verschwinden.

Für eine gute Kontrastwirkung mit einer kühlen Farbe müssen Sie diese meist großzügiger einsetzen.

Schriften
Shelley Volante Scripte
Goudy Oldstyle

Schriftsetzer bezeichnen **schwarzweiße Schrift** auf einer Seite jedoch schon immer als **farbig**. Mit „bunten" Farben lassen sich leicht Kontraste erzeugen; es bedarf eines etwas geübteren Blicks, um die Farbkontraste in Schwarzweiß zu erkennen und auszunutzen.

In dem untenstehenden Zitat können Sie leicht die verschiedenen „Farben" im schwarzweißen Text erkennen.

„Farbe" entsteht durch Abweichungen in der Schriftdicke, -struktur und -form, dem Leerraum innerhalb und zwischen der Buchstaben, dem Zeilenabstand, dem Schriftgrad oder in der Höhe der Mittellänge. Selbst innerhalb einer Schrift können Sie unterschiedliche Farben erzeugen.

Genau wie die Stimme wichtige Wörter betonen kann, so auch die Schrift:

Sie schreit oder flüstert in verschiedenen Größen.

Genau wie die Stimmlage Wörter interessanter macht, so auch die Schrift:

Sie moduliert durch Helligkeit oder Dunkelheit.

Genau wie die Stimme Wörtern durch ihren Tonfall Farbe verleiht, so auch die Schrift:

Durch verschiedene Schriften drückt sie Eleganz, Würde und Härte aus.

Jan V. White

Kneifen Sie Ihre Augen zusammen und betrachten Sie diesen Text. Gewöhnen Sie sich an, die unterschiedlichen Werte der Textblöcke als „Farben" anzusehen.

Schriften
Cochin Medium *and Italic*
Eurostile Bold Extended 2

Eine magere, dünne Schrift mit großen Buchstaben- und Zeilenabständen führt zu einer sehr hellen Farbe und leichten Textur. Eine fette, dicht gedrängte serifenlose Schrift ergibt eine dunkle Farbe (mit einer abweichenden Textur). Dieser Kontrast lässt sich besonders gut auf textlastigen Seiten einsetzen, die keine Grafiken enthalten.

Eine graue Seite, die nur Text enthält, kann einen sehr tristen Eindruck machen und wirkt möglicherweise wenig einladend auf den Leser. Sie kann auch Verwirrung stiften: Gehören die beiden Artikel im untenstehenden Beispiel zusammen?

Der Fuchs und der Rabe

Der Anblick eines Raben, der auf einem Baum saß, und der Geruch des Käses, den er im Schnabel hatte, erregten die Aufmerksamkeit eines Fuchses.

„Wenn du ebenso schön singst, wie du aussiehst", sagte er, „dann bist du der beste Sänger, den ich je erspäht und gewittert habe."

Der Fuchs hatte irgendwo gelesen (und nicht nur einmal, sondern bei den verschiedensten Dichtern), dass ein Rabe mit Käse im Schnabel sofort den Käse fallen lässt und zu singen beginnt, wenn man seine Stimme lobt. Für diesen besonderen Fall und diesen besonderen Raben traf das jedoch nicht zu.

„Man nennt dich schlau, und man nennt dich verrückt", sagte der Rabe, nach dem er den Käse vorsichtig mit den Krallen seines rechten Fußes aus dem Schnabel genommen hatte.

„Aber mir scheint, du bist zu allem Überfluss auch noch kurzsichtig. Singvögel tragen bunte Hüte und farbenprächtige Jacken und helle Westen, und von ihnen gehen zwölf aufs Dutzend. Ich dagegen trage Schwarz und bin absolut einmalig."

„Ganz gewiss bist du einmalig", erwiderte der Fuchs, der zwar schlau, aber weder verrückt noch kurzsichtig war.

„Bei näherer Betrachtung erkenne ich in dir den berühmtesten und talentiertesten aller Vögel, und ich würde dich gar zu gern von dir erzählen hören. Leider bin ich hungrig und kann mich daher nicht länger hier aufhalten."

„Bleib doch noch ein Weilchen", bat der Rabe. „Ich gebe dir auch etwas von meinem Essen ab."

Damit warf er dem listigen Fuchs den Löwenanteil vom Käse zu und fing an, von sich zu erzählen.

„Ich bin der Held vieler Märchen und Sagen", prahlte er, „und ich gelte als Vogel der Weisheit. Ich bin der Pionier der Luftfahrt, ich bin der größte Kartograph. Und was das Wichtigste ist, alle Wissenschaftler und Gelehrten, Ingenieure und Mathematiker wissen, dass meine Fluglinie die kürzeste Entfernung zwischen zwei Punkten ist. Zwischen beliebigen zwei Punkten", fügte er stolz hinzu.

„Oh, zweifellos zwischen allen Punkten", sagte der Fuchs höflich.

„Und vielen Dank für das Opfer, das du gebracht, indem du mir den Löwenanteil verso macht."

Gesättigt lief er davon, während der hungrige Rabe einsam und verlassen auf dem Baum zurückblieb.

Moral: Was wir heute wissen, wussten schon Aesop und La Fontaine: Wenn du dich selbst lobst, klingt es erst richtig schön.

— James Thurber

Das Herz der Finsternis

Der Unterlauf der Themse erstreckte sich vor uns wie der Beginn einer endlosen Wasserstraße. Weit draußen waren offene See und Himmel nahtlos miteinander verschmolzen, und in dem lichtdurchfluteten Raum schienen die wettergegerbten Segel der mit der Flut stromaufwärts treibenden Frachtschuten in roten Haufen spitz zulaufenden Segeltuchs, zwischen denen lackierte Sprietbäume aufblitzten, unbeweglich zu verharren. Auf dem flachen Ufer lag ein nebliger Dunst, der sich immer dünner werdend in die See hinaus verlor. Über Gravesend dunkelte der Himmel und schien sich noch weiter nach hinten in einer trübsinnigen Düsternis zusammenzuziehen, die regungslos auf der größten — und großartigsten — Stadt der Erde lastete.

— Joseph Conrad

Dies könnte eine typische Seite eines Newsletters oder einer anderen Veröffentlichung sein. Das monotone Grau zieht keine Blicke auf sich; es gibt keinen Anreiz, einzutauchen und zu lesen.

Schriften
Warnock Pro Regular *and Italic*

Wenn Sie Ihren Überschriften und Untertiteln durch fettere Schrift etwas „Farbe" verleihen oder vielleicht ein Zitat, eine Passage oder einen kurzen Artikel in einer ganz anderen „Farbe" setzen, verweilen die Betrachter eher auf der Seite und lesen sie auch tatsächlich. Und genau das möchten wir doch, oder?

Die Seite lädt durch diese Farbveränderung nicht nur mehr zur Lektüre ein, sondern auch die Gliederung der Information wird verbessert. Im unteren Beispiel wird nun besser deutlich, dass die Seite zwei verschiedene Artikel enthält.

Der Fuchs und der Rabe

Der Anblick eines Raben, der auf einem Baum saß, und der Geruch des Käses, den er im Schnabel hatte, erregten die Aufmerksamkeit eines Fuchses.

„Wenn du ebenso schön singst, wie du aussiehst", sagte er, „dann bist du der beste Sänger, den ich je erspäht und gewittert habe."

Der Fuchs hatte irgendwo gelesen (und nicht nur einmal, sondern bei den verschiedensten Dichtern), dass ein Rabe mit Käse im Schnabel sofort den Käse fallen lässt und zu singen beginnt, wenn man seine Stimme lobt. Für diesen besonderen Fall und diesen besonderen Raben traf das jedoch nicht zu.

„Man nennt dich schlau, und man nennt dich verrückt", sagte der Rabe, nach dem er den Käse vorsichtig mit den Krallen seines rechten Fußes aus dem Schnabel genommen hatte.

„Aber mir scheint, du bist zu allem Überfluss auch noch kurzsichtig. Singvögel tragen bunte Hüte und farbenprächtige Jacken und helle Westen, und von ihnen gehen zwölf aufs Dutzend. Ich dagegen trage Schwarz und bin absolut einmalig."

„Ganz gewiss bist du einmalig", erwiderte der Fuchs, der zwar schlau, aber weder verrückt noch kurzsichtig war.

„Bei näherer Betrachtung erkenne ich in dir den berühmtesten und talentiertesten aller Vögel, und ich würde dich gar zu gern von dir erzählen hören. Leider bin ich hung-rig und kann mich daher nicht länger hier aufhalten."

„Bleib doch noch ein Weilchen", bat der Rabe. „Ich gebe dir auch etwas von meinem Essen ab."

Damit warf er dem listigen Fuchs den Löwenanteil vom Käse zu und fing an, von sich zu erzählen.

„Ich bin der Held vieler Märchen und Sagen", prahlte er, „und ich gelte als Vogel der Weisheit. Ich bin der Pionier der Luftfahrt, ich bin der größte Kartograph. Und was das Wichtigste ist, alle Wissenschaftler und Gelehrten, Ingenieure und Mathematiker wissen, dass meine Fluglinie die kürzeste Entfernung zwischen zwei Punkten ist. Zwischen beliebigen zwei Punkten", fügte er stolz hinzu.

„Oh, zweifellos zwischen allen Punkten", sagte der Fuchs höflich.

„Und vielen Dank für das Opfer, das du gebracht, indem du mir den Löwenanteil verso macht."

Gesättigt lief er davon, während der hungrige Rabe einsam und verlassen auf dem Baum zurückblieb.

Moral: Was wir heute wissen, wussten schon Aesop und La Fontaine: Wenn du dich selbst lobst, klingt es erst richtig schön.

– James Thurber

Das Herz der Finsternis

Der Unterlauf der Themse erstreckte sich vor uns wie der Beginn einer endlosen Wasserstraße. Weit draußen waren offene See und Himmel nahtlos miteinander verschmolzen, und in dem lichtdurchfluteten Raum schienen die wettergegerbten Segel der mit der Flut stromaufwärts treibenden Frachtschuten in roten Haufen spitz zulaufenden Segeltuchs, zwischen denen lackierte Sprietbäume aufblitzten, unbeweglich zu verharren. Auf dem flachen Ufer lag ein nebliger Dunst, der sich immer dünner werdend in die See hinaus verlor. Über Gravesend dunkelte der Himmel und schien sich noch weiter nach hinten in einer trübsinnigen Düsternis zusammenzuziehen, die regungslos auf der größten – und großartigsten – Stadt der Erde lastete.

– Joseph Conrad

Das Layout wurde beibehalten, jedoch mit „Farbe" versehen. Betrachten Sie auch nochmals viele der anderen Beispiele in diesem Buch. Dabei werden Ihnen häufig kontrastierende Schriften auffallen, die Farbvariationen erzeugen.

Schriften
Aachen Bold
Warnock Pro Caption and Light Italic Caption
Eurostile Extended 2 **and Demi**

Unten erkennen Sie, wie Sie die Farbe innerhalb einer Schrift mit festem Schriftgrad durch leichte Anpassungen ändern können. Wie Sie sehen, beeinflussen diese leichten Anpassungen auch die mögliche Anzahl von Wörtern pro vorgegebenem Raum.

Humankapital redefiniert die relative Position des Prozesses. Wenn der Vorgang das Geschäft insgesamt revolutioniert, dann verbessert eine Allianz die Realitätswahrnehmung. Die hohe Kunst einer SWOT-Analyse	9 pt Warnock Regular, Zeilenabstand 10,6
Humankapital redefiniert die relative Position des Prozesses. Wenn der Vorgang das Geschäft insgesamt revolutioniert, dann verbessert eine Allianz die Realitätswahrnehmung. Die hohe	9 pt Warnock Bold, Zeilenabstand 10,6 Genau wie im Bespiel oben, jedoch in der Bold-Version
Humankapital redefiniert die relative Position des Prozesses. Wenn der Vorgang das Geschäft insgesamt revolutioniert, dann verbessert eine Allianz die Realitätswahrnehmung. Die hohe Kunst einer SWOT-Analyse	9 point Warnock Light, Zeilenabstand 10,6 Genau wie im ersten Beispiel oben, jedoch wurde die Light-Version der Schrift statt Regular verwendet.
Humankapital redefiniert die relative Position des Prozesses. Wenn der Vorgang das Geschäft insgesamt revolutioniert, dann verbessert eine Allianz die Realitätswahrnehmung.	9 pt Warnock Light, Zeilenabstand 13 Pt, zusätzlicher Zeichenabstand Die Farbe ist heller als im darüberstehenden Beispiel (die Schrift ist dieselbe). Das liegt am zusätzlichen Zeilen- und Buchstabenabstand.
Humankapital redefiniert die relative Position des Prozesses. Wenn der Vorgang das Geschäft insgesamt revolutioniert, dann verbessert eine Allianz die Realitätswahrnehmung.	9 pt Warnock Light Italic, Zeilenabstand 13 Pt, zusätzlicher Zeichenabstand Genau wie das obenstehende Beispiel, jedoch kursiv. Farbe und Textur unterscheiden sich.

Unten sehen Sie grundlegende Beispiele von Schriftfarben; es wurden keine der vielen möglichen kleinen Zusatzmanipulationen zur Veränderung der natürlichen Schriftfarbe getroffen. Die meisten guten Schriftbücher enthalten eine breite Auswahl von Schriften in Textblöcken, so dass Sie Farbe und Textur auf der Seite erkennen können. Ein besonders gutes Schriftprobenbuch von einem Schrifthersteller könnte zum Zweck des Farbvergleichs jede Schrift innerhalb eines Textblocks enthalten; entsprechende Tafeln können Sie sich auch selbst an Ihrem Computer anfertigen.

Humankapital redefiniert die relative Position des Prozesses. Wenn der Vorgang das Geschäft insgesamt revolutioniert, dann verbessert eine Allianz die Realitätswahrnehmung. Die hohe Kunst einer SWOT-Analyse füh-

American Typewriter, 8/10

Humankapital redefiniert die relative Position des Prozesses. Wenn der Vorgang das Geschäft insgesamt revolutioniert, dann verbessert eine Allianz die Realitätswahrnehmung. Die hohe Kunst einer SWOT-Analyse führt zwangsläufig zur Einsicht. Die Ergebnisse können anhand des Beziehungsmanagements beurteilt

Bernhard Modern, 8/10

Humankapital redefiniert die relative Position des Prozesses. Wenn der Vorgang das Geschäft insgesamt revolutioniert, dann verbessert eine Allianz die Realitätswahrnehmung. Die hohe Kunst einer SWOT-Analyse führt zwangsläufig zur Einsicht. Die Ergebnisse können anhand des Bezie-

Imago, 8/10

Humankapital redefiniert die relative Position des Prozesses. Wenn der Vorgang das Geschäft insgesamt revolutioniert, dann verbessert eine Allianz die Realitätswahrnehmung. Die hohe Kunst einer SWOT-Analyse führt zwangsläufig zur Einsicht. Die Ergebnisse können anhand des

Memphis Medium, 8/10

Humankapital redefiniert die relative Position des Prozesses. Wenn der Vorgang das Geschäft insgesamt revolutioniert, dann verbessert eine Allianz die Realitätswahrnehmung. Die hohe Kunst einer SWOT-Analyse führt zwangsläufig zur Einsicht. Die Ergebnisse können anhand des Beziehungsmanagements beurteilt

Photina, 8/10

Humankapital redefiniert die relative Position des Prozesses. Wenn der Vorgang das Geschäft insgesamt revolutioniert, dann verbessert eine Allianz die Realitätswahrnehmung. Die hohe Kunst einer SWOT-

Eurostile Extended, 8/10

Kombinieren Sie Kontraste

Seien Sie nicht zimperlich. Die meisten wirkungsvollen Schriftlayouts profitieren von mehreren Kontrastierungen. Wenn Sie zum Beispiel zwei Serifenschriften mit unterschiedlichen Strukturen kombinieren, heben Sie deren Unterschiede zusätzlich durch Formkontraste hervor: Liegt ein Element komplett in gerader Schrift und Versalien vor, setzen Sie das andere kursiv und in Kleinbuchstaben. Kontrastieren Sie auch die Schriftgröße und -stärke, eventuell sogar die Textrichtung. Betrachten Sie nochmals die Beispiele in diesem Abschnitt – sie bedienen sich alle mehrerer Kontrastprinzipien gleichzeitig.

Beim Durchblättern einer guten Zeitschrift finden Sie zahlreiche Beispiele und Anregungen. Sie werden sehen, dass alle interessanten Layouts auf Kontrasten beruhen. Untertitel oder Initialbuchstaben betonen den Größenkontrast mit Gewichtskontrasten; häufig liegt zusätzlich noch ein Strukturkontrast (Serifen-/serifenlose Schrift) und ein Formkontrast (Groß-/Kleinbuchstaben) vor.

Versuchen Sie, das Gesehene in Worte zu fassen. *Wenn Sie die Dynamik der Beziehung in Worte fassen können, haben Sie sie unter Kontrolle.* Wenn Ihnen eine Schriftenkombination beim Betrachten unangenehm erscheint, weil Sie instinktiv spüren, dass die Schriften nicht zusammenpassen, analysieren Sie Ihren Eindruck auf sprachlicher Ebene.

Bevor Sie nach einer besseren Lösung suchen, müssen Sie zunächst das Problem finden. Benennen Sie zur *Problem*suche die *Ähnlichkeiten* – nicht die Unterschiede. Welche Aspekte der beiden Schriften stehen zueinander in Konkurrenz? Sind beide in Versalien gesetzt? Weisen beide Schriften einen starken Dick/Dünn-Kontrast innerhalb ihrer Striche auf? Wie wirkungsvoll ist der bestehende Gewichtskontrast? Größe? Struktur?

Oder vielleicht gibt es einen Konflikt beim Kampf um die Aufmerksamkeit des Betrachters – ist die *größere* Schrift *mager* und die *kleinere* Schrift *fett*?

Benennen Sie das Problem, dann können Sie eine Lösung erarbeiten.

Zusammenfassung

Hier folgt eine Liste der von mir beschriebenen Kontraste. Sie eignet sich gut zur schnellen Auffrischung – vielleicht sollten Sie sie sich aufhängen.

Größe

Seien Sie nicht zimperlich!

Stärke

Kontrastieren Sie fette mit mageren Schriften, nicht mit mittleren Schriftgewichten.

Struktur

Prüfen Sie, wie die Buchstaben aufgebaut sind – mit gleichförmigen oder dicken und dünnen Strichen.

Groß- und Kleinbuchstaben ergeben einen Formkontrast, ebenso gerade und Kursiv- oder Schreibschrift. Schreib- und Kursivschriften haben ähnliche Formen – vermeiden Sie deren Kombination.

Richtung

Denken Sie eher über Kontraste zwischen horizontalen Zeilen und hohen, schmalen Spalten nach statt über geneigten Text.

Warme Farben kommen nach vorne; kühle Farben treten zurück. Experimentieren Sie mit den „Farben" von schwarzem Text.

Mini-Quiz 6: Kontrast oder Konflikt?

Betrachten Sie die nachfolgenden Beispiele aufmerksam. Entscheiden Sie, ob die Schriftkombinationen einen wirkungsvollen **Kontrast** ergeben oder ob ein **Konflikt** entsteht. **Erklären Sie, warum die Schriftkombination funktioniert** (suchen Sie die Unterschiede) **oder warum sie nicht funktioniert** (suchen Sie die Ähnlichkeiten). Ignorieren Sie die Wörter selbst – versuchen Sie nicht zu beurteilen, ob eine Schrift für ein bestimmtes Produkt geeignet ist. Das ist schon wieder ein ganz anderes Thema. *Betrachten Sie nur die Schriften.* Kreisen Sie die richtigen Antworten ein, falls dies Ihr Buch ist.

Kontrast
Konflikt

TOLLES
PARFUM

Kontrast
Konflikt

extrem gutes
HUNDEFUTTER

Kontrast
Konflikt

MEINE MUTTER
Dieser Aufsatz beschreibt, warum meine
Mutter immer die beste der Welt sein wird.
Bis ich in die Pubertät komme.

Kontrast
Konflikt

FRÜH   +   FREI
Versicherung

Kontrast
Konflikt

da**GEHT**was

Mini-Quiz 7: Gut und schlecht

Statt Ihnen eine Liste **guter** und **schlechter** Praktiken in die Hand zu geben, lasse ich Sie lieber selbst entscheiden. Kreisen Sie die richtigen Antworten ein.

1 Gut Schlecht Zwei Schreibschriften auf derselben Seite verwenden.

2 Gut Schlecht Zwei klassizistische Antiqua-, Grotesk-, Renaissance- oder Egyptienne-Schriften auf derselben Seite verwenden.

3 Gut Schlecht Ein typografisches Element auf einer Seite durch stärkere Schrift hervorheben, ein weiteres auf derselben Seite durch größere Schrift.

4 Gut Schlecht Eine Schreib- und eine Kursivschrift auf derselben Seite verwenden.

5 Gut Schlecht Wenn eine Schrift hoch und schlank ist, zusätzlich eine flache, dicke Schrift auswählen.

6 Gut Schlecht Wenn eine Schrift starke Dick/Dünn-Kontraste aufweist, eine serifenlose oder Egyptienne-Schrift auswählen.

7 Gut Schlecht Zu einer sehr ausgefallenen Zierschrift noch eine weitere ungewöhnliche, aufsehenerregende Schrift als Ergänzung finden.

8 Gut Schlecht Ein äußerst interessantes, aber unleserliches Schriftenensemble erstellen.

9 Gut Schlecht Die vier Grundprinzipien der Gestaltung bei jedem irgendwie gearteten Einsatz von Schrift stets beachten.

10 Gut Schlecht Die Regeln brechen, *sobald Sie sie benennen können.*

Eine Übung zum Kombinieren von Kontrasten

Hier ist eine einfache und kurzweilige Übung, mit der Sie Ihre typografischen Fähigkeiten weiter verfeinern. Sie brauchen lediglich Pauspapier, einen Stift oder Bleistift (die farbigen Filzstifte sind sehr gut geeignet) und ein bis zwei Zeitschriften.

Pausen Sie jedes Wort in der Zeitschrift ab, das Sie anspricht. Finden Sie nun ein weiteres Wort in der Zeitschrift, das einen wirkungsvollen Kontrast zu dem soeben abgepausten ergibt. In dieser Übung sind die Wörter völlig unwichtig – Sie achten nur auf Buchstabenformen. Hier ist ein Beispiel einer Kombination von drei Schriften, die ich aus einem Nachrichtenjournal abgepaust habe:

Als erstes Wort pauste ich „Beil" ab. Anschließend konnte ich alle serifenlosen Schriften komplett vernachlässigen. „Nachlass" unterscheidet sich in der Form sehr von „Beil" und ich brauchte etwas Kleines und Mageres mit einer anderen Struktur als dritte Schriftprobe.

Pausen Sie das erste Wort ab und treffen Sie dann eine bewusste, ausformulierte Entscheidung darüber, was Sie mit diesem Wort kombinieren sollten. Wenn das erste Wort oder der erste Begriff zum Beispiel in einer serifenlosen Schrift vorliegt, wissen Sie bereits, dass Sie sich als Nächstes sicherlich keine weitere serifenlose Schrift suchen werden, nicht wahr? Was *suchen* Sie? Übertragen Sie Ihre Entscheidungen in bewusste Gedanken.

Probieren Sie ein paar Kombinationen mit einigen Wörtern aus und versuchen Sie es dann mit anderen Projekten wie einem Deckblatt für einen Bericht, einer einseitigen Kurzgeschichte mit einem interessanten Titel, einem Newsletter- oder Zeitschriftentitel, einer Bekanntmachung oder was Ihnen sonst noch gerade einfällt. Versuchen Sie es auch mit farbigen Stiften. Denken Sie daran – die Wörter brauchen überhaupt keinen Sinn zu ergeben.

Der Vorteil beim Abpausen aus Zeitschriften besteht darin, dass Ihnen unheimlich viele verschiedene Schriften zur Verfügung stehen, die Sie wahrscheinlich nicht auf Ihrem Computer haben. Ob Sie dadurch Lust auf mehr Schriften bekommen? Bestimmt.

Ist das denn sinnvoll?

12

Ist das alles für Sie sinnvoll? Sobald Sie den Sinn erkennen, scheint alles ganz einfach zu sein, oder? Bald werden Sie gar nicht mehr darüber nachdenken müssen, wie sich Schriften kontrastieren lassen – Sie werden automatisch die richtige Schrift auswählen. Falls Sie diese Schrift natürlich auf Ihrem Computer haben. Schriften sind heutzutage so preiswert und Sie brauchen wirklich nur ein paar Schriftfamilien, mit denen Sie alle denkbaren dynamischen Kombinationen vollziehen können – wählen Sie eine Familie aus jeder Kategorie und achten Sie dabei darauf, dass Ihre serifenlose Schriftfamilie sowohl ein kräftiges Schwarz (Schriftschnitt Heavy oder Black) als auch eine sehr helle Farbe (Schriftschnitt Light) enthält.

Und dann legen Sie los. Viel Spaß dabei.

Der Ablauf

Womit beginnen Sie, wenn Sie etwas gestalten oder umgestalten möchten?

Beginnen Sie mit dem Hauptaugenmerk. Entscheiden Sie, was der Leser zuerst sehen soll. Wenn Sie nicht gerade ein sehr konkordantes, einförmiges Design erstellen möchten, verwenden Sie starke Kontraste für den Blickpunkt.

Fassen Sie Ihre Informationen zu logischen Gruppen zusammen; klären Sie die Zusammenhänge zwischen diesen Gruppen. Stellen Sie die Zusammenhänge durch **Nähe** oder fehlende Nähe der Gruppen zueinander dar.

Erstellen und bewahren Sie bei der Anordnung von Text und Grafik auf der Seite **starke Ausrichtungen.** Wenn Sie eine kräftige Kante, etwa von einem Foto oder einer vertikalen Linie, sehen, verstärken Sie diese mit der Ausrichtung von weiteren Texten oder Objekten.

Erzeugen Sie eine Wiederholung oder finden Sie Elemente, die wiederholt auftreten können. Verwenden Sie eine fette Schrift oder eine Linie oder ein Zeichen einer Symbolschrift oder eine räumliche Anordnung. Analysieren Sie, was sich ohnehin bereits wiederholt, und prüfen Sie, ob Sie diese Wiederholung verstärken sollten.

Falls Sie kein konkordantes Design erstellen möchten, verwenden Sie auf jeden Fall **starke Kontraste.** Diese ziehen Leserblicke auf sich. Denken Sie daran – Kontrast ist *Kontrast.* Wenn *alles* auf der Seite groß und fett und bunt ist, dann entsteht kein Kontrast! Ob der Kontrast durch größere, fettere oder kleinere, zierlichere Schriften entsteht, ist gleichgültig. Es geht um den Unterschied, der die Blicke auf sich zieht.

Eine Übung

Öffnen Sie Ihre Tageszeitung oder die Gelben Seiten. Suchen Sie eine Anzeige heraus, von der Sie wissen, dass sie schlecht gestaltet ist (das fällt Ihnen ja nun mit Ihrer frisch geschärften visuellen Aufmerksamkeit noch leichter). Sie werden sicher ohne Probleme mehrere davon finden.

Nehmen Sie ein Stück Pauspapier und pausen Sie die Umrisse der Anzeige ab (vergrößern gilt nicht). Verschieben Sie das Pauspapier nun und pausen Sie andere Teile der Anzeige ab – fügen Sie diese aber jetzt an den richtigen Stellen ein; achten Sie auf kräftige Ausrichtungen, rücken Sie Elemente gegebenenfalls näher zusammen und achten Sie darauf, dass der Hauptblickpunkt wirklich als solcher wahrgenommen wird. Ändern Sie Groß- in Kleinbuchstaben, setzen Sie einige Elemente fetter, andere kleiner, wieder andere größer; lassen Sie eindeutig überflüssigen Kram einfach weg.

Tipp: Je sauberer Sie arbeiten, desto eindrucksvoller wird das Ergebnis. Wenn Sie nur so dahinkritzeln, wird Ihre fertige Arbeit nicht besser als das Original aussehen.

(Und den folgenden Trick habe ich meinen Grafikdesign-Schülern beigebracht – immer wenn ein Kunde auf seinem idiotischen Entwurf beharrt und Ihrer ausgefeilten Arbeit keine ernsthafte Chance einräumt, verunstalten Sie Ihre Umsetzung seines Designs ein wenig. Gießen Sie etwas Kaffee darüber, lassen Sie die Kanten ausfransen, verschmieren Sie den Bleistift, richten Sie nicht alles sauber aus usw. Die Designs, von denen Sie wissen, dass sie viel besser sind, arbeiten Sie absolut sauber und gewissenhaft aus, drucken sie auf hervorragendes Papier, kleben Sie auf Zeichenkarton, stecken sie in eine Schutzhülle usw. Und siehe da, zumeist wird der Kunde finden, dass Ihre Arbeit tatsächlich besser aussieht als sein ursprüngliches Konzept, und da er ein VA* ist (was auf Sie nun nicht mehr zutrifft), wird er nicht genau sagen können, warum sein Konzept nicht mehr so gut aussieht. Sein Eindruck ist, dass Ihr Entwurf besser ist. Erzählen Sie bloß niemandem, dass Sie das von mir haben.)

*VA: Visueller Analphabet

Okay – gestalten Sie dies neu!

Hier sehen Sie ein kleines Plakat. Nicht schlecht – aber ein paar Verbesserungen könnten nicht schaden. Einige kleine Veränderungen machen sehr viel aus. Das größte Problem ist die fehlende klare Ausrichtung. Zudem konkurrieren mehrere Elemente um den Hauptblickpunkt. Ordnen Sie die Elemente mit Hilfe von Pauspapier neu an oder skizzieren Sie einige Versionen direkt auf diese Seite.

Urls Trainingslager

Gehen Sie ins
Internet und
legen Sie los!

Nehmen Sie an einem
Trainingswochenende mit
Url im Schwarzwald teil.

Workshops:
Webdesign und CSS
Schlüsselwörter
Suche im Web
Bloggen und Podcasten

**Freitag, Samstag, Sonntag
Erstes Maiwochenende**

Quiz-Lösungen

13

In meinen Lehrveranstaltungen an der Hochschule dürfen bei all meinen Tests, Prüfungen und Projekten sämtliche Bücher und Mitschriften verwendet werden und die Studenten dürfen sich untereinander und mit mir austauschen. Ich habe selbst Hunderte von Vorlesungen besucht (als Naturwissenschaftlerin und als Designstudentin) und bin zu der Auffassung gelangt, dass ich die korrekte Information viel eher *behalte*, wenn ich sie *niedergeschrieben* hatte. Das Herausfinden der richtigen Antwort während einer Prüfung war viel produktiver, als zu raten und dann eine falsche Antwort aufzuschreiben. Blättern Sie also ruhig zwischen Quiz und Auflösungen hin und her, besprechen Sie die Fragen mit Ihren Freunden und wenden Sie sie auch insbesondere auf andere gestaltete Seiten an, die Ihnen in die Hände fallen. „Offene Augen" sind der Schlüssel auf dem Weg zu besserem visuellen Verständnis.

Hören Sie auf Ihre Augen.

Antworten: Quiz 1 (Seite 86)

Öffnen Sie die Fläche, indem Sie den Rahmen entfernen. Neue Designer rahmen gerne alles ein. Hören Sie damit auf! Lassen Sie das Layout atmen! Zwängen Sie es nicht so sehr ein!

Nähe

Die Überschriften sind zu weit von den zugehörigen Textteilen entfernt: *Rücken Sie sie näher zusammen.*

Ober- und unterhalb der Überschriften befinden sich doppelte Zeilenumbrüche: *Entfernen Sie alle doppelten Zeilenumbrüche, aber geben Sie **oberhalb** der Überschriften etwas mehr Abstand hinzu, damit sie enger mit dem zugehörigen nachfolgenden Material verbunden sind.*

Trennen Sie die Angaben zur Person von den Stichpunkten des Lebenslaufs durch etwas zusätzlichen Abstand.

Ausrichtung

Der Text ist zentriert und linksbündig, die zweite Textzeile reicht ganz an die linke Kante: Verwenden Sie eine starke, linksbündige Ausrichtung – alle Überschriften sind aneinander ausgerichtet, ebenso alle Aufzählungszeichen und alle Textzeilen, bei zweizeiligem Text ist die zweite Zeile an der ersten ausgerichtet.

Wiederholung

Der Gedankenstrich stellt bereits eine Wiederholung dar: Verstärken Sie diese, indem Sie ein interessanteres Aufzählungszeichen verwenden, das Sie vor jedem passenden Eintrag verwenden.

Die Überschriften bilden bereits eine Wiederholung: Verstärken Sie diese durch kräftige, schwarze Überschriften.

Der kräftige, schwarze Eindruck der Aufzählungszeichen wiederholt und verstärkt sich nun in den kräftigen schwarzen Überschriften.

Kontrast

Es gibt keinen: Verwenden Sie eine kräftige, fette Schrift, um die Überschriften inklusive „Lebenslauf" zu kontrastieren (damit Sie konsistent bleiben bzw. Wiederholungen einbeziehen); erhöhen Sie den Kontrast durch die kräftigen Aufzählungszeichen.

Übrigens: Die Zahlen in der neuen Version verwenden die Form „proportionale Mediävalziffern", die in vielen OpenType-Schriften zu finden ist. Wenn Ihnen diese Ziffern nicht zur Verfügung stehen, verringern Sie den Schriftgrad der Zahlen um ein oder zwei Punkt, damit sie nicht unnötig viel Aufmerksamkeit auf sich ziehen.

Antworten: Quiz 2 (Seite 87)

Unterschiedliche Schriften: Es gibt drei unterschiedliche serifenlose Schriften, die Serifenschrift, die Schreib- und die Zierschrift. Wählen Sie zwei davon aus: vielleicht die Zierschrift aus dem Titel und eine schöne Serifenschrift für klassische Eleganz.

Unterschiedliche Ausrichtungen: Ach, Du meine Güte. Manche Elemente sind linksbündig, manche zentriert, manche innerhalb von Leerräumen zentriert, manche haben keinerlei Verbindung oder Ausrichtung zum Rest der Anzeige.

Starke Linie: Das Logo könnte eine starke Linie liefern, an der sich andere Elemente ausrichten lassen.

Fehlende Nähe: Gruppieren Sie die Informationen. Sie wissen, was zusammengehört.

Fehlendes Hauptaugenmerk: Mehrere Elemente buhlen gleichzeitig um Aufmerksamkeit. Entscheiden Sie sich für eines davon.

Fehlende Wiederholungselemente: Die vier Logos zählen *nicht* als Wiederholungselemente – sie sind unmotiviert auf die vier Ecken verteilt, um diese auszufüllen; sie wurden also nicht als bewusste Gestaltungselemente platziert. Vielleicht können Sie ja die Logofarbe als Wiederholungselement aufgreifen.

Entfernen Sie die Rahmen innerhalb der Begrenzung. Wählen Sie scharfe Ecken für die verbleibende Begrenzung, um die Ecken des Logos zu verstärken und saubere Kanten zu erhalten.

SCHALTEN SIE DIE FESTSTELLTASTE AUS!

Das Beispiel auf der nächsten Seite stellt nur eine von vielen Möglichkeiten dar.

Ziehen Sie Linien entlang der nun ausgerichteten Kanten.

The Shakespeare Papers

Shakespeare by Design

Das Shakespeare-Magazin besteht aus kurzen und amüsanten, interessanten, witzigen, lehrreichen, ungewöhnlichen, überraschenden, brillanten und manchmal brisanten Schmankerln über die Dramen und Sonette Shakespeares.

Abonnement:
Nur 38 € pro Jahr
für sechs Ausgaben

Schwanenweg 7
56321 Gösselheim
05631 - 42 47
TheShakespearePapers.com
cleo@TheShakespearePapers.com

Schriften
Wade Sans Light
Brioso Pro Light
and Bold Italic

Antworten: Quiz 3 (Seite 161)

Renaissance-Antiqua:	Wie ich mich erinnere, Adam	Egyptienne:	Das Rätsel dauert an
Zierschrift:	Beim Rodeo	Klassizistische Antiqua:	High Society
Schreibschrift:	Mir fehlen die Worte	Grotesk:	Es ist Ihre Einstellung

Antworten: Quiz 4 (Seite 162)

zicken:	B
knicken:	C
picken:	A
blicken:	A
nicken:	C
kicken:	B

Antworten: Quiz 5 (Seite 163)

zicken:	C
knicken:	A
picken:	B
blicken:	D
nicken:	D
kicken:	A

Antworten: Quiz 6 (Seite 194)

Tolles Parfüm: **Konflikt.** Es gibt zu viele Ähnlichkeiten: Beide sind in Großbuchstaben gesetzt; beide sind etwa gleich groß; beides sind „modische" Schriften; beide sind gleich stark.

Hundefutter: **Kontrast.** Es liegen starke Größen-, Farb-, Form- (sowohl Groß-/Kleinbuchstaben als auch gerade/kursiv), Stärke- und Strukturkontraste vor (auch wenn keine der Schriften einen eindeutigen Dick/Dünn-Kontrast in den Konturen aufweist, sind beide eindeutig aus sehr unterschiedlichen Materialien aufgebaut).

Meine Mutter: **Konflikt.** Obwohl ein Formkontrast zwischen den Groß- und Kleinbuchstaben besteht, gibt es zu viele andere Ähnlichkeiten, die zu Konflikten führen. Die beiden Schriften sind gleich groß, fast gleich stark, haben dieselbe Struktur und dieselbe gerade Form. So nicht!

Früh + Frei: **Konflikt.** Hier besteht Potenzial, aber die Unterschiede müssen ausgebaut werden. Durch die Groß- und Kleinbuchstaben besteht ein Formkontrast, ebenso durch die breite Schrift gegenüber der normal laufenden Schrift. Ein schwacher Strukturkontrast entsteht durch die leichten Dick/Dünn-Übergänge der einen und die gleichförmigen, weit laufenden Zeichen der anderen Schrift. Können Sie das größte Problem benennen? (Denken Sie eine Minute nach.) Worauf liegt hier das Hauptaugenmerk? Das größere „Krankenversicherung" drängt sich hier in den Blickpunkt, ist aber zugleich in einer mageren Schrift gesetzt. „Früh + Frei" ringt, obwohl kleiner, durch Großbuchstaben und Fettschrift ebenfalls um Aufmerksamkeit. Sie müssen entscheiden, was wichtiger ist, und eines der Konzepte verstärken – entweder „Früh + Frei" oder „Krankenversicherung".

Da geht was: **Kontrast.** Auch wenn die Schriften genau die gleiche Größe haben und aus derselben Familie (Formata) stammen, sind die anderen Kontraste kräftig: Stärke, Form (gerade/kursiv und Groß-/Kleinbuchstaben), Struktur (durch die Stärkekontraste), Farbe (obwohl beide schwarz sind, ergibt die Stärke von „geht" eine dunklere Farbe).

Antworten: Quiz 7 (Seite 195)

1. **Schlecht.** Zwei Schreibschriften erzeugen einen Konflikt, weil sie meist dieselbe Form haben.

2. **Schlecht.** Schriften aus derselben Kategorie haben dieselbe Struktur.

3. **Schlecht.** Sie bekämpfen sich gegenseitig. Entscheiden Sie, was am wichtigsten ist und betonen Sie dieses Element.

4. **Schlecht.** Die meisten Schreib- und Kursivschriften haben dieselbe Form – geneigt und fließend.

5. **Gut.** Sie erhalten sofort einen starken Struktur- und Farbkontrast.

6. **Gut.** Sie erhalten sofort einen Struktur- und Farbkontrast.

7. **Schlecht.** Zwei ausgefallene Schriften ergeben meist einen Konflikt, weil die ausgefallenen Merkmale um Aufmerksamkeit konkurrieren.

8. **Schlecht.** In der Regel verwenden Sie Schrift zur Kommunikation. Vergessen Sie das nie.

9. **Gut.**

10. **Gut.** Die Grundregel zum Brechen der Regeln lautet, die Regeln überhaupt erst einmal zu kennen. Wenn Sie eine Begründung zum Durchbrechen der Regeln haben – und das Ergebnis funktioniert – dann los!

Schriften
in diesem Buch

Dieses Buch enthält über dreihundert Schriftarten. Wenn Ihnen jemand (insbesondere ein Schriftenhersteller) eine „bestimmte Anzahl" Schriften nennt, bezieht er damit meist alle Variationen der Schrift mit ein – die Normalversion ist eine Schriftart, die kursive und die fette jeweils eine weitere usw. Da Sie ein Designneuling sind (beziehungsweise waren), interessiert es Sie vielleicht genau, welche Schriften in diesem Buch verwendet wurden. **Die meisten Schriften sind im Schriftgrad 14 Punkt dargestellt,** falls nicht anders vermerkt. Viel Spaß!

Hauptschriften

Textkörper (Haupttext):	Warnock Pro Regular, 10,5/14 (das heißt Schriftgrad 10,5 Pt mit 14 Pt Zeielenabstand).
Kapitelüberschriften:	Bauer Bodoni Bold Condensed, 66/60
Kapitelnummern:	Bauer Bodoni Roman, 225 Pt,
Kleine Schrift:	Warnock Pro Caption (meistens)
Hauptüberschriften:	Silica Regular, 26/22
Bildunterschriften	Proxima Nova Alt Light, 9,5/11,5

Klassizistische Antiqua-Schriften

Bauer Bodoni Roman, *Italic,* **Bold Condensed**

Bodoni Poster, Poster Compressed

Madrone

Mona Lisa Solid

Onyx Regular

(Berthold) Walbaum Book Regular, **Bold**

Times New Roman Bold

Renaissance-Antiqua-Schriften

Arno Pro Regular

New Baskerville Roman

Bernhard Modern

Brioso Pro Light, *Light Italic,* Regular, *Regular Italic,* **Bold,** *Bold Italic*

Cochin Medium, *Italic,* **Bold,** *Bold Italic*

ITC Garamond Light, Book, **Bold, Ultra**

Garamond Premier Pro Regular, *Italic*

Golden Cockerel Roman

Goudy Oldstyle, *Italic*

Minister Light, *Light Italic,* **Bold**

Palatino Light, *Italic*

Photina Regular, *Italic*

Times New Roman Regular, Italic, **Bold,** *Bold Italic*

Adobe Jensen Pro Regular

Warnock Pro Light, *Light Italic,* Regular, *Regular Italic,* **Bold,** *Bold Italic,* Caption, Light Caption

(besonders für kleine Schriften)

Egyptienne-Schriften

Aachen Bold

American Typewriter Medium, **Bold**

Blackoak

Clarendon Light, Roman, Bold

Memphis Light, Medium, **Bold, Extra Bold**

New Century Schoolbook Roman

Silica Light, Extra Light, Regular, **Bold, Black**

Grotesk-Schriften

**Antique Olive Roman,
Black**

Bailey Sans Book, **Extra Bold**

Cotoris Regular, *Italic*, Bold

Delta Jaeger Light,
Medium, Bold

**Eurostile Demi, Bold,
Extended Two,
Bold Extended
Two, Bold Condensed**

Folio Light, **Medium,
Bold, Extra Bold**

Formata Light, **Regular,
Medium, *Medium
Italic*, Bold,
Bold Italic,
Bold Condensed,**
Light Condensed

Franklin Gothic Book

Helvetica Regular, **Bold,
*Bold Oblique***

Imago Extra Bold

Myriad Pro Condensed

Officina Sans Book, **Bold**

Optima Roman,
Oblique, **Bold**

Proxima Nova Regular,
Black

Proxima Nova Alt Light,
**Semibold, Bold, Extra
Bold**

Ronnia Regular, *Italic*,
Bold, *Bold Italic*

Shannon Book, *Book
Oblique*, **Extra Bold**

Syntax Roman, **Bold,
Black,**

Trade Gothic Light,
Medium, *Medium
Oblique*, Condensed
No. 18, **Bold,
Bold Condensed No. 20**

Trebuchet Regular, *Italic*

Universe 39 Thin Ultra Condensed, **65 Bold,
75 Black, 85 Extra
Black**

Verdana Regular

Schreibschriften

Anna Nicole

Arid

Bickham Script Pro
(24 Pt)

Carpenter (24 Pt)

Charme

Cocktail Shaker

Coquette Regular, **Bold**

Emily Austin (24 Pt)

Fountain Pen

Linoscript (20 Pt)

Milk Script

Ministry Script

Miss Fajardose (18 Pt)

Shelley Volante Script

Snell Roundhand Bold,
Black

Spring Light, Regular

Tekton Regular, Oblique,
Bold

Wendy Medium,
Bold (24 Pt)

Viceroy

Ornamente

Birds

Diva Doodles

Gargoonies

MiniPics Lil Folks

MiniPics Head Buddies

Renfield's Lunch

Golden Cockerel Ornaments

Minion Pro (ornaments)

Type Embellishments One

Type Embellishments Two

Type Embellishments Three

Adobe Woodtype Ornaments 2

ITC Zapf Dingbats

Zierschriften

(alle untenstehenden Schriften in 18 Pt)

Bodoni Classic Bold Ornate

By George Titling

Canterbury Oldstyle

Blue Island

Coquette Regular, **Bold**

Escaldio Gothico

FAJITA MILD

FLYSWIM

frances uncial

GLASGOW

Improv Regular

Industria Solid

Jiggery Pokery

JUNIPER

LITHOS EXTRA LIGHT

Percolator Expert

Pious Henry

Potzrebie

SCARLETT

Schablone Rough

Schablone Label Rough Positive

Schmutz Cleaned

Scriptease

Sneakers Ultrawide

Spumoni

Stoclet Light, **Bold**

Tabitha

Tapioca

THE WALL

Wade Sans Light

Zanzibar

Anhang

OpenType

Wenn Sie eine Schrift sehr groß, sehr klein oder in einer durchschnittlichen Lesegröße setzen, sollten sich die Buchstabenformen für jede Größe ein wenig unterscheiden. Sehr kleine Schriftgrade müssen ein wenig fetter, sehr große Schriftgrade ein wenig magerer dargestellt werden, ansonsten werden die schlanken Konturen dick und klobig. Die meisten Computerschriften enthalten jedoch eine Standardmatrix, etwa für den Schriftgrad 12 pt, die dann lediglich vergrößert oder verkleinert wird. Warnock Pro ist jedoch eine Schriftensammlung, die speziell für die unterschiedlichen Einsatzgebiete von Schrift gestaltet wurde. Unten können Sie erkennen, dass die „Caption"-Schrift bei 20 pt kräftig aussieht, bei 8 pt jedoch perfekt. Die „Display"-Schrift wirkt bei 8 pt etwas klapprig, aber eben diese schlanken Konturen sehen bei größeren Schriftgraden einfach toll aus. OpenType-Pro-Schriften bieten neben weiteren Möglichkeiten auch die Auswahl zwischen Mediävalziffern (234987) und Versalziffern für Tabellen (234987). Wenn Ihr Rechner und Ihre Software auf dem neuesten Stand sind, können Sie in einer OpenType-Schrift auf bis zu 16000 Zeichen zugreifen. Dieselbe Schriftdatei lässt sich sowohl auf PCs als auch auf Mac-Computern verwenden.

Hier sehen Sie in Grau direkt hinter der Display-Schrift ein W in Warnock Pro Regular. Sie erkennen deutlich den Unterschied der Konturen.

Warnock Pro Caption bei 20 pt

Warnock Pro Caption bei 8 pt

Warnock Pro Display bei 20 pt

Warnock Pro Display bei 8 pt

Mini-Glossar

Auflösung beschreibt, wie gut ein Bild „aufgelöst" ist, wie scharf und klar es uns also erscheint. Das ist ein kompliziertes Thema, aber hier ist die Quintessenz:

Gedruckte Seiten: Auf Papier gedruckte Bilder sollten 300 dpi (Farbpunkte pro Zoll) aufweisen. Fragen Sie immer im Voraus bei der Druckerei an, welche Auflösung gefordert wird. Um ein Bild in 300 dpi zu erhalten, verändern Sie die Bildgröße in einem Bildbearbeitungsprogramm wie Photoshop *auf das endgültige Druckformat* und stellen Sie dann 300 ppi (Pixel pro Zoll) ein.

Verwenden Sie *zum Drucken* **.tif**-Bilder mit 300 dpi im Farbmodus CMYK.

Bildschirmseiten: Bilder auf dem Bildschirm verwenden 72 ppi (Pixel pro Zoll). Gedruckt sehen sie pixelig aus, auf dem Bildschirm jedoch erscheinen sie perfekt. Verändern Sie die Bildgröße in Ihrem Bildbearbeitungsprogramm wie Photoshop *auf die Größe, in der das Bild auf dem Bildschirm erscheint.* Wenn Sie also ein mit dem größeren Bild verknüpftes Miniaturbild haben, benötigen Sie *zwei* unterschiedliche Dateien desselben Bilds!!

Verwenden Sie *zur Bildschirmanzeige* **.jpg**-Bilder mit 72 ppi im Farbmodus RGB.

Ein **Aufzählungszeichen** ist eine kleine Markierung, die zumeist anstelle von Zahlen in einer Liste oder zwischen Wörtern verwendet wird. Dies ist das Standardaufzählungszeichen: •.

Blick oder Auge beschreibt Ihre Augen wie eine unabhängige Instanz. Als Gestalter können Sie Einfluss darauf nehmen, wie jemand seinen Blick über die Seite schweifen lässt; daher sollten Sie sich dessen bewusst werden, wie *Ihr* Blick über die Seite schweift. Hören Sie auf Ihre Augen.

Blocksatz liegt vor, wenn ein Textblock sowohl an der linken als auch an der rechten Kante ausgerichtet ist.

Ein **Dingbat** ist ein kleines ornamentales Zeichen, z. B. ■❖✓✍❤. Vielleicht haben Sie die Schriften Zapf Dingbats oder Wingdings. Diese bestehen aus Dingbats.

Elemente sind die einzelnen Objekte auf der Seite. Ein Element kann eine einzelne Textzeile, eine Grafik oder auch eine Gruppe von Objekten sein, die so nahe beisammenstehen, dass sie als eine Einheit wahrgenommen werden. Um die Anzahl der Elemente auf einer Seite herauszufinden, kneifen Sie Ihre Augen zusammen und zählen Sie nach, wie oft Ihr Blick an den einzelnen Objekten hängenbleibt.

Mit **Extended** ist eine sehr breit laufende Schrift gemeint.

Eingeschlossene freie Fläche liegt vor, wenn der Leerraum auf einer Seite zwischen Elementen wie Fotos oder Text eingekeilt ist, ohne dass ein Flächenfluss entstehen kann.

Die **Grundlinie** ist die unsichtbare Linie, auf der der Text liegt (siehe Seite 164).

Leerraum ist die Fläche einer Seite, die durch keinerlei Text oder Grafiken belegt ist. Anfänger schrecken oft vor freien Flächen zurück, Profidesigner verwenden sehr viel Leerraum.

Textkörper oder Copy bezeichnet den Haupttextblock, den Sie lesen, also keine Überschriften, Untertitel, Titel usw. Der Textkörper wird in der Regel in Schriftgraden zwischen 9 und 12 pt gesetzt, der Zeilenabstand ist 20% größer.

Ressourcen

Veer.com

MyFonts.com

iStockPhoto.com

Before & After Magazine;
BAMagazine.com

Layers Magazine;
LayersMagazine.com

InDesign PDF Magazine;
InDesignMag.com

Index

Über dieses Buch

Dieses Buch habe ich auf einem Mac direkt in Adobe InDesign aktualisiert, gestaltet, zusammengestellt und indiziert.

Die Hauptschriften sind Warnock Pro Light und Regular für den Textkörper (eine unglaubliche OpenType-Schrift von Adobe; lesen Sie die Anmerkung auf Seite 210), Silica Regular für die Überschriften und Proxima Nova Alt (für die Beschriftungen). Die Titelschrift ist Glasgow und stammt ursprünglich vom Epiphany Design Studio. Die über dreihundert anderen Schriften sind innen aufgeführt.

Über die Autorin

Ich lebe und arbeite auf einigen Morgen Hochlandwüste vor den Toren von Santa Fe, New Mexico. Jeden Morgen sehe ich den Sonnenaufgang und jeden Abend den Sonnenuntergang. Meine Kinder sind aufgewachsen und ausgezogen und ich schreibe Bücher über andere Themen als Computer und reise an interessante Orte in der ganzen Welt. Das Leben bleibt ein großartiges Abenteuer.

John zeichnete das obige Tuscheporträt in Venedig, inspiriert von einer Picasso-Ausstellung von Tuscheporträts.